Ravensburger Taschenbücher
Band 448

Ernst W. Bauer

Die Erde lebt [redacted]

Otto Maier Verlag
Ravensburg [redacted]
[redacted]

Dieses Buch ist im Original erschienen in der Reihe

Wissen der Welt International Library

An dieser Reihe sind folgende Verlage beteiligt:
Collins Publishers, Glasgow
Detskaya Literatura, Moskau
Librairie Ernest Flammarion, Paris
Franklin Watts, Inc., New York
Österreichischer Bundesverlag, Wien
Rizzoli Editore, Mailand
J. F. Schreiber, Esslingen

Erstmals 1979 in den Ravensburger Taschenbüchern
Leicht gekürzte Lizenzausgabe mit Genehmigung des
Verlags J. F. Schreiber, Esslingen

Titel der Originalausgabe: »Wunder der Erde«

Umschlagkonzeption und Umschlaggestaltung: Kirsch & Korn
Foto Umschlag-Vorderseite von Schmincke: Lavastrom auf Hawaii
Foto Umschlag-Rückseite von Ernst W. Bauer: Ein künstlicher Geysir auf Lanzarote

Gesamtherstellung: Appl, Wemding
Printed in Germany

5 4 3 2 1 82 81 80 79 78

ISBN 3-473-39448-3

Bildnachweis

Archiv Bauer: S. 67, 71, 100 links. Bauer: S. 2, 10, 11, 12, 16, 24, 26/27, 31, 36, 37, 40, 41, 42, 44 oben rechts und unten, 45, 47, 50/51, 52, 53, 55, 58, 60, 61, 73, 74, 75, 76, 78, 79 links, 80, 81, 82 links, 85, 86, 88, 91, 92, 93, 96, 100/101, 103, 105, 107, 108, 109, 111, 112, 113, 116, 117, 119, 121, 125, 126 links, 126/127. Nach Bederke/Wunderlich »Atlas zur Geologie«: S. 13 unten. Fay: S. 14 unten, 18, 19, 27 rechts, 28/29, 46, 63. Gensel: S. 48. Häfner: S. 89. Ildefonso Aguilar de la Rúa: S. 39, 44 oben links. Jonasson: S. 22 links. Knidlberger: S. 69. Krischke: S. 13 oben, 14 oben, 15, [redacted] 70, 72, 79 rechts, 82 rechts, 83, 87, 95, 97, 106, 110, 115, 120, 123. v. [redacted]incke: S. 32, 33. ZEFA: S. 9. Zeiss: S. 7.

Inhalt

Erde - Reicher Planet

Ihren Flug zum Mond, haben Sie ihn schon gebucht? Offen gestanden, ich auch nicht! Nicht, weil ich nicht neugierig wäre oder keine Lust hätte, einen Spaziergang oder eine Geländefahrt über die Mondoberfläche zu unternehmen und dort ein paar Gesteinsbrocken einzusammeln. Nein, das ist es nicht! Ich habe auch nichts gegen Weltraumfahrt und gegen Mondforschung. Sicher ist es sogar möglich, eines Tages zahlungskräftige Erdenbürger zum Vergnügen zwischen Erde und Mond hin- und herzuschießen, nur, ich male mir die Langeweile eines Urlaubs in der gleichförmigen, luftlosen, wasserlosen, leblosen Wüste aus. Darüber könnte mich auch das schönste Mondhotel nicht hinwegtäuschen, ganz abgesehen davon, daß schon das Hotel und sein Innenleben nichts anderes wäre als ein Stück verpflanzter Erde. Verglichen mit unserem Heimatplaneten ist der Mond ein Armenhaus. Auch die anderen Nachbarn im Weltall schneiden nicht gut ab, wenn man sie an der Erde mißt.
Nur aus sehr großer Höhe ist die Erde ein blauer Planet; je tiefer die Satellitenkameras in die Atmosphäre eintauchen, um so vielfarbiger werden die Bilder, um so runzeliger erscheint die Landoberfläche.
Ist etwas anderes überhaupt denkbar? Und ob! Immerhin bearbeiten Wasser und Wind, Hitze und Kälte die Erdoberfläche seit viereinhalb Milliarden Jahren wie gewaltige Planiermaschinen. Unentwegt sind sie

Links: Blau und weiß erscheint die Erde dem Astronauten; Luft und Wasserdampf bedingen diese Farben. Rechts: Nur grau und braun sind die Farben der lebensfeindlichen Kraterlandschaft des Mondes.

dabei, alle Unebenheiten auszugleichen. Da wäre es doch durchaus denkbar, daß die Erdoberfläche völlig glattpoliert wäre, ja daß ein einziger, weltumspannender Ozean die ganze Erde umhüllte.

Daß dies nicht so ist, läßt darauf schließen, daß neben den Kräften der Abtragung auch aufbauende Kräfte am Werk sind. Sie sorgten dafür, daß im Laufe der langen Erdgeschichte immer wieder neue Berge entstanden und neue Gebirge wuchsen. Sie sind allerdings auch dafür verantwortlich, daß tiefe Risse und Gräben die Erdoberfläche durchziehen.

Der höchste Berg der Erde, der Mount Everest im Himalaja, steigt 8880 Meter auf. Die Witjastiefe im Marianengraben erreicht 11022 Meter unter dem Meeresspiegel, das entspricht einem Höhenunterschied von beinahe 20 Kilometern. Gemessen am Durchmesser der Erde, der durchschnittlich 12734 Kilometer beträgt, ist das nicht viel, ein Kratzer auf dem Hausglobus. Trotzdem, für uns Menschen, die wir auf der Erdoberfläche leben, sind die Runzeln und Kratzer himmelhohe Gebirge und bodenlose Abgründe. Am Hausglobus läßt sich offenbar unser Verhältnis zur Natur gar nicht darstellen. Es ist auch sinnlos, die Dauer eines Menschenlebens vor der Milliarden-Unendlichkeit der Erdgeschichte zum Augenblick zusammenschrumpfen zu lassen. Ein Augenblick wäre zu kurz, um das Wirken der Kräfte rings um uns zu registrieren, ein Menschenleben aber reicht aus, um solche Veränderungen zu erfassen und Schlüsse daraus zu ziehen.

Da ist eine Quelle hoch in den Bergen, Regen und Schmelzwasser speisen sie, ihr Wasser enthält ein paar Milligramm Kalk pro Liter und Spuren anderer Salze. Im Regenwasser war nichts von den gelösten Stoffen vorhanden. Erst auf dem Weg durch den Boden und das Gestein hat sie das rinnende Grundwasser aufgenommen. Nun trägt sie der Bach zu Tal. Spuren sind es nur, aber auf das Wasser aller Quellen und auf lange Zeit bezogen, werden ganze Gebirge auf diese Weise gelöst und ins Meer verfrachtet. Rund 3,5 Prozent Salze enthält heute das Meerwasser, das ist so viel, daß man mit diesem Salz die ganze Landoberfläche der Erde 120 Meter hoch bedecken könnte.

Doch nicht nur die lösende Arbeit des Wassers verändert das Gesicht der Erde; jeder Regentropfen, der ein Bodenkrümelchen losschlägt, wirkt mit, jeder Wasserlauf, der Schlamm, Sand und Geröll mit sich führt. Tonnenschwere Blöcke bricht der Wildbach während der Schneeschmelze los und schleppt sie mit sich fort. Im Wenden und Fallen zertrümmern die kollernden Blöcke den Untergrund, bis sie schließlich selbst zerfallen. Zunächst sind diese »Nagezähne« des Wassers noch kantig. Auf dem Weg talab schlagen sie sich aber am Felsbett des Baches

Wasser und Wind, Hitze und Eiseskälte brechen Stein um Stein selbst aus dem harten Dolomit, der die Drei Zinnen aufbaut. Mächtige Schutthalden umhüllen und schützen des Sockel der Felstürme.

und aneinander alle Ecken und Kanten stumpf, runden sich ab, werden kleiner und kleiner und erreichen am Ende das Meer nur noch als Sand oder Schlamm.

Im Unterlauf, wo das Gefälle der meisten Flüsse geringer wird, und damit auch die Geschwindigkeit und die Schleppkraft des Wassers abnimmt, lagern die breit gewordenen Ströme ihre Fracht ab. Mit einem großen Delta schieben sich Rhein, Rhône, Po, Nil, Colorado, Ganges und viele andere Flüsse ins Meer vor.

Etwa 40000 Kubikkilometer Wasser führen alle Flüsse der Erde zusammen jährlich dem Meer zu. 4 Milliarden Tonnen gelöste Stoffe bringen sie mit und 8 Milliarden Tonnen Schlamm. Wie lange kann es demnach nur dauern, bis alles feste Land über dem Meeresspiegel verschwunden ist? Vorsicht mit solchen Rechnungen! Wo bleibt der Beitrag der Gletscher, die das Meer direkt erreichen? Wo der Staub und der Sand, die der Wind ins Meer hinausträgt? Sie müßten in die Rechnung einbezogen werden, und erst recht die Arbeit des Meeres selbst, das an zahllosen Steilküsten der Welt mit rollender Brandung das Festland direkt angreift. Vom unterschiedlichen Klima, von der verschiedenen Widerstandsfähigkeit des angegriffenen Gesteins war überhaupt noch nicht die Rede, auch nicht davon, daß die Abtragung keineswegs gleichmäßig ansetzt, daß zwischen tiefen Tälern hohe Felszinnen stehen bleiben, daß im verkarsteten Kalkgestein das Wasser so rasch versickert, daß es kaum Zeit hat, die Landoberfläche gründlich zu bearbeiten, ganz im Gegensatz zu einer Landschaft, deren Untergrund aus einem nahezu wasserundurchlässigen Tonschiefer besteht.

Der größte Fehler der Rechnung liegt aber darin, daß man einfach so tut, als ob irgendwann einmal die Gebirge entstanden seien und seither eben nur abgetragen würden.

Viele Gesteine, die heute die höchsten Gipfel der Berge bilden, sind einst im Meer entstanden. Das ist keine leere Behauptung, denn die Korallen, Schalenreste, Ausgüsse und Abdrücke von Muscheln, Schnecken und Tintenfischen, Haifischzähne, Fischskelette und Schuppen, die man in den Bergen findet, wurden bestimmt nicht dort oben in den Kalk hineingeschmuggelt. Sie wurden in den Kalkschlamm, der sich in einem warmen, flachen Meer ablagerte, eingebettet.

Am meisten wurde da abgelagert, wo sich der Meeresgrund langsam, aber stetig einsenkte: Ton, Kalk, Geröll. Unter dem lastenden Druck der übereinanderliegenden Schlamm- und Sandmassen verfestigte sich das Material in der Tiefe mehr und mehr und wurde nach und nach zu Gestein. Ungeheuere Kräfte sorgten später dafür, daß die Meeresabla-

Im warmen Korallenmeer lagert sich heute Kalk ab, der in ferner Zukunft Gebirge bilden kann.

Links: Tonnenschwere Blöcke schleppt der Fluß über die Wasserfallkante. Sie zerbrechen, und ihre scharfen Kanten werden abgewetzt. Rechts: Im Karstgebiet versickert das Wasser so rasch auf den Spalten und Klüften des Kalkgesteins, daß es kaum Zeit hat, die Oberfläche zu verändern.

gerungen kilometerhoch emporgestemmt wurden. Nicht mit einem Donnerschlag natürlich, sondern fast unmerklich langsam.
Es hieße die Rechnung ohne den Wirt machen, wollte man die Betrachtung auf die abtragenden Kräfte beschränken, denn offenbar waren sie, bisher zumindest, ihren Gegenspielern, den Kräften des Erdinneren, nicht gewachsen. Seit es eine feste Erdkruste gibt, entstehen entlang tiefgreifender Schwächelinien des Meeresbodens und der Festländer Vulkane. Große Berge, ja ganze Gebirgsstöcke sind vulkanischen Ursprungs: der Ätna auf Sizilien, der Kilimandscharo in Ostafrika, die vom Meeresgrund aufragenden Hawaii-Vulkane und hundert andere.
Vulkanische Vorgänge sind aber nicht in der Lage, Meeresablagerungen ins Hochgebirge hinaufzuheben. Die feuerspeienden Berge selbst entstehen erst unter dem Einfluß noch gewaltigerer Kräfte, die erdumspannende, langsame Hebungen und Senkungen der Erdkruste bewirken, tiefgreifende Grabensysteme aufreißen lassen und sogar die Kontinentaltafeln gegeneinander verschieben.
Vieles spricht dafür, daß vor 200 Millionen Jahren die heutigen Kontinente noch eine große, gemeinsame Festlandsmasse, die Geologen nennen sie Pangäa, bildeten. Dieser riesige Urkontinent zerbrach. Durch tiefgreifende Zerrungen bildeten sich Grabenbrüche. An diesen Bruchlinien, wie sie auch heute noch in Island, im Rhein- und Rhônegraben,

Im ständigen Kampf zwischen Aufbau und Abtragung entwickeln sich die Vulkangebirge wie der Teide auf Teneriffa.

im Roten Meer und in Ostafrika zu sehen sind, drifteten die Kontinentalschollen langsam auseinander, nur wenige Zentimeter im Jahr, aber Tausende von Kilometern im Laufe der langen Zeit, wie auf einem geheimnisvollen Förderband!
Offenbar gibt es in der Zone unterhalb der Erdkruste, im fast 3000 Kilometer dicken Erdmantel, Strömungen, deren Geschwindigkeit ausreicht, die Kontinente zu bewegen. Unter den verhältnismäßig dünnen Ozeanböden steigt das zähflüssige Gestein langsam auf und fließt dann nach allen Seiten zu den Kontinenten hin ab. Dabei wird der strömende Erdmantel langsam kühler und sinkt unter den Festlandschollen in die Tiefe zurück. Diese Strömungen bleiben auf die großen Tafeln der Erdkruste nicht ohne Wirkung. Sie schrammen aneinander entlang, drücken gegeneinander, rammen sich regelrecht und unterlaufen sich unter Erschütterungen und Beben.
Die Großformen der Erdkruste lassen sich mit dieser Vorstellung ganz gut erklären. So weiß man seit einiger Zeit, daß der langgestreckte Mittelatlantische Rücken, ein gewaltiger, untermeerischer Gebirgszug, durch zahllose Vulkane gebildet wurde, deren Magma in großer Menge aus dem Erdmantel aufquoll. Die Entstehung solcher untermeerischer Gebirgsrücken, die man auch in den anderen Ozeanen entdeckt hat, kann man erklären, wenn man annimmt, daß der Meeresboden unter Zugspannung gerät, bis er reißt. Dann quillt Glutfluß aus der Tiefe nach und flickt den Riß. Doch immer wieder entstehen neue Zerrungsspalten, aber immer aufs neue werden sie auch von aufquellender Lava ausgeheilt, so lange, bis die höchsten Spitzen der untermeerischen »Flickstellenvulkane« die Meeresoberfläche erreichen und schließlich ihre Gipfel als Inseln zu sehen sind.

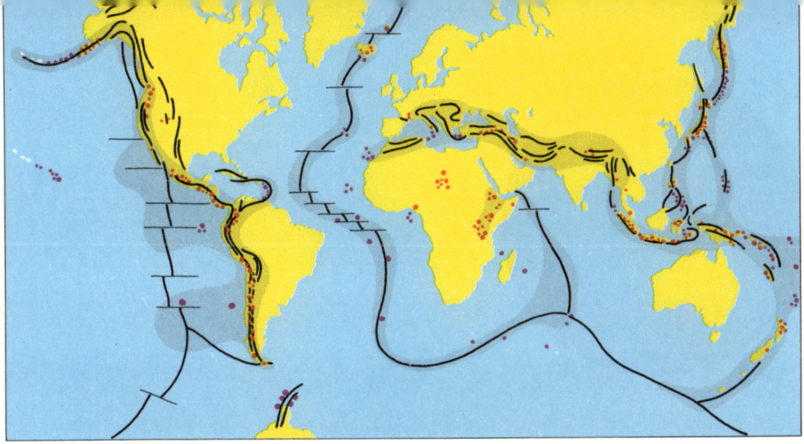

Oben: Die großen Faltengebirgsgürtel der Erde, vor allem im Westen Amerikas und in der Mitte der alten Welt,sowie die Mittel-ozeanischen Rücken kennzeichnen die besonders aktiven Gebiete der Erdkruste. Dort bewegen sich die Kontinentaltafeln auseinander und gegeneinander, dort liegen die meisten aktiven Vulkane (rot) und die Zentren der Erdbebentätigkeit (grau).
Rechts: Merkwürdig spiegelbildlich ist die Altersverteilung der Glutflußgesteine östlich und westlich des Mittelatlantischen Rückens. Je heller rot, um so älter sind die Gesteine.

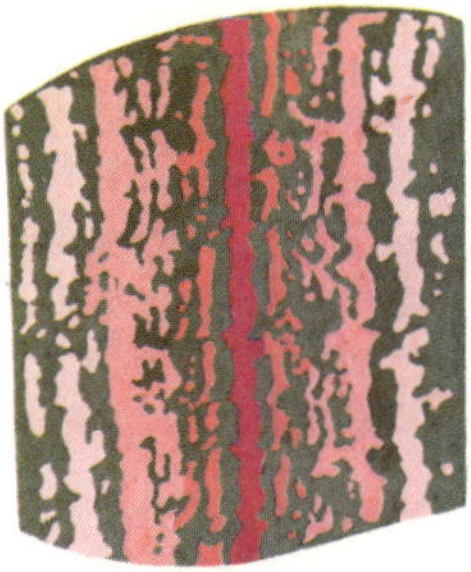

Es gibt im übrigen sehr solide Beweise für die Richtigkeit dieser Vorstellung. Wenn sie nämlich stimmt, dann müßte sich ja der Atlantische Ozean langsam, aber laufend verbreitern. Dann müßte die jüngste Lava ganz nahe am Spaltensystem liegen; je weiter davon entfernt die Lava von der derzeitigen Spalte vorkommt, um so älter müßte sie sein. Die Untersuchungen des amerikanischen Bohrschiffs »Glomar Challenger« haben diese Vermutung bestätigt. Englische Geologen haben auf Grund magnetischer Untersuchungen der Glutflußgesteine zu beiden Seiten des Zentralatlantischen Grabens sogar festgestellt, daß die Altersverteilung hüben und drüben spiegelbildlich gleich ist. Die Alte und die Neue Welt weichen auseinander, der Atlantik wird tatsächlich größer.
Der große Pazifische Ozean wird kleiner, der Atlantik verbreitert sich,

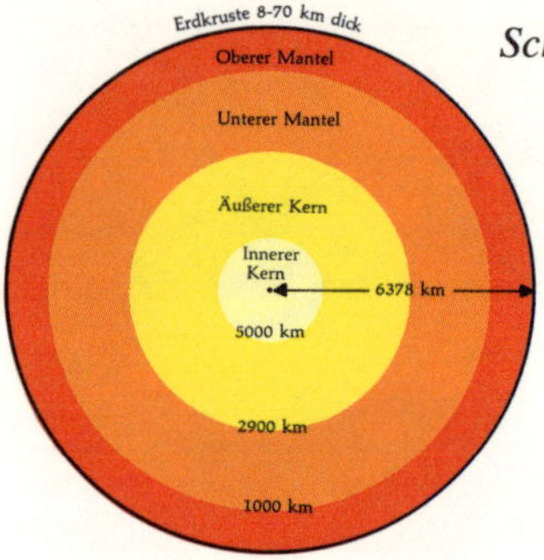

Schnitt durch unsere Erde

Gebirge bilden sich, Vulkane brechen auf, und Erdbeben entladen sich mit zerstörender Wucht. Ein Bergsturz im Hochgebirge, Hochwasser nach der Schneeschmelze, Sturmflut an der See. Das eine und das andere erleben wir, doch nur, wo die Geschwindigkeit der Entwicklung katastrophale Ausmaße annimmt, ist sie der Dauer eines Menschenlebens angemessen. Wo aber Jahrtausende und Jahrmillionen nötig sind, um einen Schritt zu tun, sind wir darauf angewiesen, aus den Zeugnissen, die uns die Gegenwart liefert, auf Vergangenheit und Zukunft zu schließen, wie Kriminalisten, die mit Indizien arbeiten im großen Fahndungsspiel, das »Entwicklung der Erde« heißt. Aus der unübersehbaren Zahl der Gestalten dieses Spiels seien in diesem Buch einige weltberühmte Stars vorgestellt.

An der Westküste Südamerikas taucht der etwa 5 km dicke, basaltische Ozeanboden unter den 6–10mal so dicken Festlandsblock hinab. Stauchung und Hebung, Erdbeben und Vulkanismus sind die Folgen.

Surtsey – Land aus Feuer und Wasser

Ein Stück mittelatlantisches Gebirge über dem Wasserspiegel, das ist Island! Langsam, Zug um Zug, ist diese Insel vom Meeresgrund aufgewachsen: vulkanischer Schorf an einer Wunde der Erdkruste, die sich auch heute noch nicht endgültig geschlossen hat.
Quer durch die Insel, von Nordosten nach Südwesten, zieht sich ein System von Bruch- und Zerrungslinien: der isländische Vulkangürtel. Fortlaufende Messungen in den letzten Jahren haben ergeben, daß sich die Ränder dieser Bruchspalten auch in unseren Tagen noch weiter auseinanderbewegen. 13 Millionen Jahre alt ist Island, das ist eine lange Zeit. Gemessen an der Dauer der Erdgeschichte aber, die sich über 5 Milliarden Jahre erstreckt, ist die Insel jung.
In den letzten 15 000 Jahren, nach dem Ende der Eiszeit, waren im Vulkangürtel auf etwa 35 000 Quadratkilometern Fläche ungefähr 200 Vulkane tätig. Allein in den letzten 1000 Jahren, seit der Besiedelung der Insel durch die Wikinger, brachen 40 Vulkane zusammen über 150mal aus. Keine Generation blieb von den vulkanischen Ereignissen verschont. Aus den sehr tiefen, bis in den Erdmantel hinabreichenden Spaltensystemen konnte der Glutfluß immer wieder in riesigen Mengen bis an die Erdoberfläche aufsteigen. Fast 20 Kubikkilometer waren es seit dem Jahr 1500. Das ist ungefähr ein Drittel der Lavamenge, die

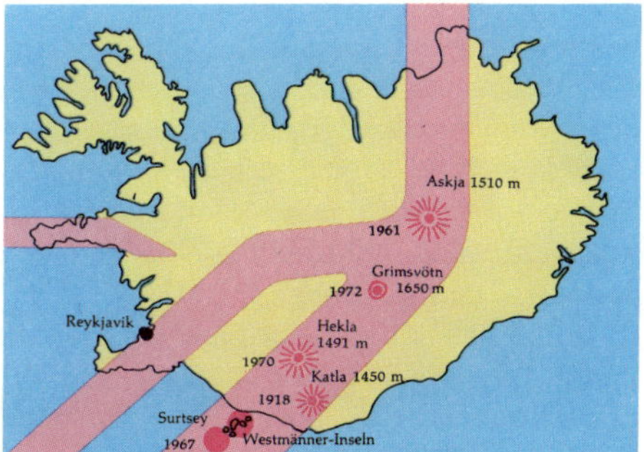

Auf dem Mittelatlantischen Rücken ist Island entstanden. In diesem Jahrhundert waren Katla (zuletzt 1918), Askia (zuletzt 1961), Hekla (zuletzt 1970), Surtsey (zuletzt 1967), Helgafell (zuletzt 1973) und der unter dem Gletscher des Vatna Jökull verborgene Grimsvötn (zuletzt 1972) tätig.

Während die Vulkane nach heftiger Ausbruchstätigkeit oft lange Zeit ruhig sind, weisen die Dampfquellen und Heißwassergebiete Islands ständig darauf hin, daß die feste Erdkruste hier dünner ist als anderswo.

während dieser Zeit auf der Landoberfläche der ganzen Erde zutage trat. Vieles spricht dafür, daß noch viel größere Lavamassen im Bereich der erdumspannenden, untermeerischen Gebirge austreten.
Es ist kein Wunder, daß sich die vulkanischen Ereignisse im isländischen Bereich nicht auf das Festland allein beschränken, sondern seit Menschengedenken mehrfach im Norden und im Süden auf den Meeresboden ausgegriffen haben.
Es kommt zwar nicht alle Tage vor, daß das Meer vor Islands Südküste im Abstand von wenigen Metern seine Temperatur von 7 auf 9,4 Grad Celsius ändert, es ist aber auch nicht so außergewöhnlich, daß man davon viel Aufhebens macht. Die Wissenschaftler auf dem Forschungs-

schiff »Thorsteinn Thorskabitur« registrierten Anfang November 1963 einen Temperatursprung von 2,4 Grad eben in diesem Meer. Sie stellten auch fest, daß mehr Kieselsäure im Wasser gelöst war als sonst, aber auch das ist an dieser Küste nicht ganz ungewöhnlich.

Die schwachen Erdstöße, welche die Erdbebenstation in Reykjavik registrierte, erschienen ebenfalls nicht besonders bemerkenswert, dabei kündigten sie aller Wahrscheinlichkeit nach den Beginn einer ausgedehnten Vulkantätigkeit auf dem Meeresgrund an.

Die Leute auf den Westmännerinseln wunderten sich zwar darüber, daß der Schwefelgeruch, der sonst von Zeit zu Zeit vom Land herüberwehte, diesmal vom Meer her kam, aber so aufregend, daß man daraus auf ein besonderes Ereignis geschlossen hätte, fanden sie ihn auch wieder nicht. Dabei wiesen alle diese Anzeichen auf ein Naturschauspiel ohnegleichen hin: die Geburt einer Insel!

Einen Augenblick nur hatten die Männer des Fischerbootes »Isleifur II« die Rauchwolke an der Kimm in der Morgendämmerung des 14. November 1963 für ein brennendes Schiff gehalten. Der Schwefelgeruch in der Luft, die Erschütterungen und die Stöße, die das Boot trafen, vor allem aber die dicke, schwarze Wolke, die immer höher aufquoll, waren für die vulkangewohnten Männer eindeutige Zeichen dafür, daß vor Islands Küste wieder einmal der Kampf zwischen Feuer und Wasser begonnen hatte.

Nach einer Stunde schon erreichte die quellende Wolke aus Dampf und vulkanischer Asche eine Höhe von 60 Meter. Es blitzte in der Wolke, Steine flogen wie Geschosse hoch, und das Wasser erwärmte sich im Umkreis des Eruptionsherds. Auf einer mindestens 500 Meter langen Spalte, die von Nordost nach Südwest verlief, verstärkte sich die vulkanische Tätigkeit laufend. Am Nachmittag war die riesige Wolke schon vom 110 Kilometer entfernten Reykjavik aus zu sehen; 6000 Meter hoch stand sie über dem Ausbruchsgebiet. Später erreichte sie sogar eine Höhe von 9000 Meter.

Immer deutlicher zeichneten sich die Konturen eines feuerspeienden Berges ab, der aus dem Meer zu wachsen begann. Nach einem Tag war er 10 Meter hoch, einen Tag später bereits 40 Meter. Am 19. November erreichte der Berg bei einer Länge von 600 Meter eine Höhe von 60 Meter.

Solange das Meer den Wall aus vulkanischer Schlacke und Asche, der sich über dem Meeresspiegel zu bilden begann, noch überspülte, und in den Krater eindringen konnte, kam es etwa alle 10 Sekunden zu einer heftigen Dampfexplosion! Jedes Mal schoß eine tiefschwarze, mit Asche und Lavafetzen beladene Wolke aus dem Krater, vulkanische Bomben

November 1963

Oktober 1963

Aus einer Bruchspalte am Meeresgrund quillt Glutfluß und erstarrt als Kissenlava (oben). Sobald der untermeerische Vulkan so hoch geworden ist, daß er den Meeresspiegel erreicht, kommt es zu heftigen Explosionen, wenn das Meer in den Krater schwappt (links). Erst wenn größere Lavamengen die vulkanische Asche abdecken, hat die Insel Bestand (unten).

April 1964

wurden bis 1000 Meter hoch katapultiert, Blitze zuckten durch die aufquellenden Wolkentürme, rollender Donner mischte sich mit dem Rumpeln und Krachen des Vulkans, mit dem Tosen der See und den klatschenden Einschlägen der herabfallenden vulkanischen Geschosse!

Unberührt vom dramatischen Geschehen in den unteren Regionen stand über allem ein hoher Wolkendom, blendend weiß am hellen Tag, rot durchglüht im Widerschein des Kraters bei Nacht.

Erst Anfang April 1964 änderte sich die Lage. Im Krater des lockeren Aschenkegels bildete sich ein glühender Lavasee von etwa 120 Meter Durchmesser. Schließlich schwappte der Glutfluß über und floß als feuriger Bach dem Meer zu. Am Ufer teilte er sich in mehrere Äste, die sich mit Getöse ins Meer ergossen und knatternd und zischend weiße Dampffahnen aufsteigen ließen.

Die über 1000 Grad heiße Lava erkaltete an den Kontaktstellen mit dem Meerwasser und erstarrte rasch. Die neu entstandenen Lavafelsen verlegten schließlich dem nachdrängenden Feuerstrom den Weg und lenkten ihn ab. So entstand nach und nach ein regelrechter Strandwall, der die lockere Asche im Inneren der Insel vor dem Anprall des Meeres schützte. Durch den Panzer, mit dem die Lava einen Teil der Insel bedeckte, war ihr Bestand zunächst einmal gesichert. Als Ende April der Glutfluß verebbte, betrug die Größe Surtseys 1,4 Quadratkilometer. Ein Drittel davon war von Lava überzogen.

Isländische Geologen, unter ihnen besonders Professor Sigurdur Thorarinsson, haben die Entwicklung von Surtsey von der ersten Stunde an verfolgt und beschrieben. Am 19. Februar landeten sie zum erstenmal mit zwei Gummibooten am Nordstrand der Insel, um Proben zu sammeln. Zunächst schien das Unternehmen glatt zu laufen, doch schon wenige Minuten nach der Landung begann der unberechenbare Vulkan zu toben. Er schoß Lavabomben um sich und stieß braune Bimssteinwolken aus, die den Männern jede Sicht raubten. Zum Glück behielten sie klaren Kopf und konzentrierten sich ganz darauf, den glühenden Wurfgeschossen auszuweichen. Sie überstanden das Trommelfeuer und konnten in einer ruhigen Phase mit ihren Booten zum Forschungsschiff zurückkehren.

Wie ein riesiges Leuchtfeuer lag Surtsey in jenen Tagen vor der Südküste Islands. In 300 Kilometer Entfernung war der kochende, glühende Lavasee während seiner stärksten Tätigkeit vom Flugzeug aus noch zu sehen. Kein Wunder, daß Wissenschaftler und Touristen aus aller Welt nach Island kamen, und, nachdem der neugeborene Vulkan seine explosive Tätigkeit eingestellt hatte, in hellen Scharen die Insel besuchten.

Kreuzfahrschiffe ankerten in Lee des Vulkans, Sportflugzeuge und Hubschrauber steuerten Surtsey an. Ab Januar 1965 beförderte der isländische Pilot Björn Palsson mit einer zweimotorigen »Twinset Pioneer« ziemlich regelmäßig Passagiere zur Insel.
Argwöhnischer als die Touristen, die nur wenige Tage in der Nähe der Feuerinsel blieben, beobachteten die Bewohner der nahegelegenen Westmännerinseln die vulkanischen Ereignisse vor ihrer Haustür. Drehte der Wind auf Südwest, dann erreichte der vulkanische Staub vom nur 17 Kilometer entfernten Surtsey die Hauptinsel Heimaey. Für die Inselbevölkerung stand viel auf dem Spiel, wenn sich der tödliche Schleier über Wiesen und Dächer zu senken begann. Bald fraßen die Weidetiere nur noch widerwillig. Das Wasser in den Zisternen begann zu verderben. Zum Glück blieb Heimaey von schweren Aschenfällen verschont. Aber die Erinnerung an vulkanische Katastrophen ist in Island durchaus lebendig. 1783 war auf einer 25 Kilometer langen Spalte der Laki ausgebrochen. Ganz Island wurde vom Aschenregen heimgesucht. Die Weiden wurden vernichtet. Die meisten Rinder und Schafe kamen um. Über 10000 Menschen – ein Drittel der damaligen Bevölkerung – fielen der darauffolgenden Hungersnot und den Seuchen zum Opfer.
Die Sorge der Leute von Heimaey bekam neue Nahrung, als man am 23. Mai 1965 erneut eine Dampfwolke in der Nähe von Surtsey aufsteigen sah. Unter heftigen Explosionen tauchte abermals ein Vulkan aus dem Meer: Syrtlingur! Wieder stand eine Eruptionswolke aus Asche und Dampf über der jungen Insel. Schwimmender Bims – das ist ein besonders leichtes, schaumiges, vulkanisches Gestein – bedeckte das Meer ringsum.
Die Geschichte Surtseys schien sich zu wiederholen. 70 Meter hoch erhob sich der hufeisenförmige Kraterberg von Syrtlingur mit einem Durchmesser von 650 Meter. Dennoch vermochte er den Herbststürmen nicht standzuhalten. Ein stürmischer Monat genügte, um die neugeborene Insel Syrtlingur – mehr als eine Million Kubikmeter vulkanisches Lockermaterial – wegzufegen. Solange das Meerwasser in den glühenden Krater eindringen kann, zerstäuben laufende Dampfexplosionen den Glutfluß. Erst wenn der Wall hoch und dicht genug ist und ausfließende Lava kompaktes Gestein zu bilden vermag, hat die Insel eine Chance, der Brandung längere Zeit zu trotzen.
Auch 1973 gab es auf Heimaey große Aufregung, als der erloschen geglaubte Helgafell wieder ausbrach.
Ein weiteres Beispiel für die Entwicklung eines ungeschützten Vulkans lieferte die zweite Tochterinsel, Svartey oder Juley, die Weihnachtsin-

Ein hufeisenförmiger Schlackenwall umgibt den Krater von Syrtlingur am 26. Mai 1965.

Rechts: Surtsey mit der neu entstandenen Insel Syrtlingur am 5. Juli 1965

sel, die im Dezember 1965 auftauchte. Obwohl sie neben der Asche auch etwas Lava gefördert hatte, hielt sie sich nur ein halbes Jahr. Selbst an Surtsey sind die Jahre nicht spurlos vorbeigegangen. Regen und Wind haben die Aschenberge angeknabbert. Tiefe Rinnen zerfurchen die Hänge. Im Westen frißt sich die Brandung mit jeder Welle tiefer in den lockeren Kern hinein. Schon jetzt hat sich eine hohe Steilküste

gebildet. Wie lange Surtsey dem Nordmeer standzuhalten vermag, ist schwer zu sagen. Wenn jedoch kein vulkanischer Nachschub mehr kommt, ist es nur eine Frage der Zeit, bis auch sie verschwunden ist. Für die isländischen Naturwissenschaftler und ihre Gäste aus aller Welt bietet die Entwicklung von Surtsey eine einmalige Forschungsgelegenheit. Niemals vorher wurde das Werden und Vergehen einer Vulkanin-

Am 23.1.1973, 2 Uhr morgens, brach auf Heimaey, der größten der Westmännerinseln eine 1,5 km lange Vulkanspalte auf. Neben dem seit 5000 Jahren erloschenen Helgafell bildete sich ein neuer Feuerberg. Häuser erstickten in heißer Vulkanasche. (Links: Juni 1972, rechts: Februar 1973)

sel so exakt vom ersten Augenblick an verfolgt und dokumentiert. Im Mai 1964 begann Sturla Fridriksson mit der biologischen Überwachung der zunächst völlig leblosen Insel.
Zunächst kamen Vögel, die den neuen Rastplatz bald entdeckt hatten. Auch Fliegen und Schmetterlinge stellten sich bald ein. Samen und Küstenpflanzen wurden angetrieben. Im Juni 1965 keimte auf Surtsey das erste Pflänzchen: ein Meersenf. Lange hielt es sich allerdings nicht. Erst seit kurzem behaupten sich einige Dutzend inzwischen gezählter und genau markierter Einzelstücke von Meersenf, Strandmiere und Strandgerste an besonders geschützten Plätzen. Reichhaltiger ist die Pflanzenwelt im mikroskopischen Bereich. In der Umgebung der heißen Dampfaustritte entwickeln sich Bakterien, Algen, Pilze, und mit ihnen zusammen auch tierische Einzeller. Flechten und Moose beginnen, Fuß zu fassen. Sie sind die Pionierpflanzen, die den Boden für nachfolgendes Leben vorbereiten. Schon im Sommer 1965 erklärte die isländische Regierung Surtsey zum Schutzgebiet. Diese Entscheidung ist bewundernswert, wenn man bedenkt, daß Island damit, obwohl es nicht mit irdischen Gütern gesegnet ist, zugunsten der Wissenschaft auf eine zugkräftige Fremdenverkehrsattraktion verzichtet. Nur eine kleine Hütte steht auf der Insel. Sie dient im Sommer als Stützpunkt für die Wissenschaftler. Gelegentlich umrundet noch ein Touristenschiff die bemerkenswerte Insel, kreist ein Sportflugzeug über den erloschenen Kratern, Surtsey selbst aber bleibt unberührt.

Mauna Loa und Kilauea – Feuerberge im Pazifik

Wo liegen die höchsten Berge der Welt? Im Himalaja natürlich! 8880 Meter erreicht die höchste Spitze des Mount Everest. Die größten Erhebungen der Erdkruste allerdings liegen mitten im Stillen Ozean. Sie bilden die Insel Hawaii. Aus über 5000 Meter Meerestiefe steigen ihre Berge mehr als 4000 Meter über den Meeresspiegel auf und erreichen damit eine Gesamthöhe von nahezu 10000 Meter.

Der Mauna Kea, das heißt in der Sprache der polynesischen Ureinwohner »Weißer Berg« – er trägt im Winter eine Schneehaube –, ist mit 4217 Meter der höchste unter den Hawaiibergen. Der größte Einzelberg der Welt aber ist der 4168 Meter hohe Mauna Loa. Auch in der Sprache der Polynesier heißt Mauna Loa »Großer Berg«! Seine Größe sieht man ihm allerdings nicht auf den ersten Blick an, denn der Gipfel des Mauna Loa ist keine himmelstürmende Felspyramide, sondern eine ganz flache Kuppe, die sich nach allen Seiten sanft absenkt. Der Hangwinkel beträgt nicht mehr als 4 bis 6 Grad. Aber gerade daraus erklärt sich die gewaltige Größe dieses Berges. An der Basis hat er einen Durchmesser von annähernd 400 Kilometer. Könnte man ihn aus dem Meer herausheben und nach Europa tragen, so würde er die Schweiz überdecken und wäre

In der Mitte des Pazifik liegen die Sandwich-Inseln mit Hawaii.

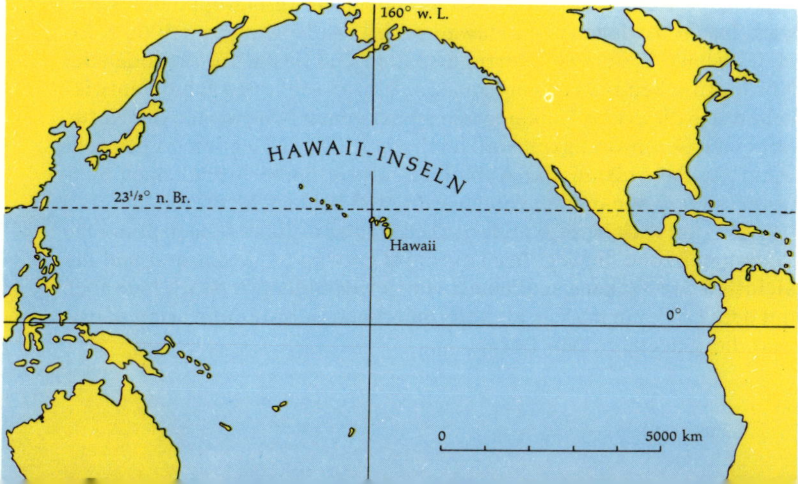

4168 m hoch ist der unglaublich flache Mauna Loa, der größte Berg der Welt.

doppelt so hoch wie die höchsten Alpengipfel. Schildvulkane nennt der Geologe diese flachen und ungeheuer breiten Feuerberge, die aus unzähligen Strömen dünnflüssiger Lava aufgebaut wurden. Die Lava, die nötig war, um den Mauna Loa aufzubauen, würde übrigens ausreichen, um Deutschland mit einer 150 Meter dicken Schicht zu überziehen. Eine lange Reihe von Lavavulkanen bildet die Inselgruppe der Sandwich-Inseln, zu denen auch Hawaii gehört. Auf einem etwa 3000 Kilometer langen System von Zerrungsspalten sind sie am Tiefseeboden des Nordpazifischen Beckens entstanden. Vor 25 Millionen Jahren entwikkelten sich die ersten Vulkaninseln im äußersten Nordwesten der Kette. Mit einer Geschwindigkeit von durchschnittlich 12 Zentimeter pro Jahr wanderte das vulkanische Aktivitätszentrum immer weiter nach Südosten, oder, wenn man davon ausgeht, daß sich der Meeresboden nach Nordwesten verschiebt, wanderte dieser entsprechend schnell über eine Aufschmelzzone hinweg. Insel um Insel entstand. Die ältesten und die kleinsten der Vulkane sind längst von der Brandung zerstört. Nur noch mit dem Lot kann man sie als untermeerische Bergstümpfe orten. Übrig sind die jungen, großen Berge.

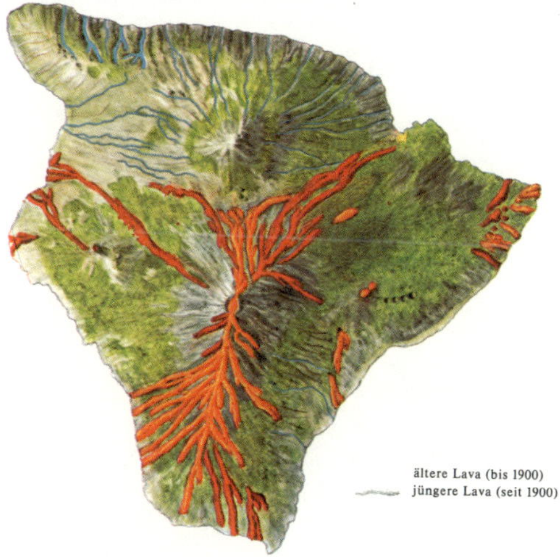

Hawaii von oben gesehen. Die Vulkane im Norden, Kohala und Mauna Kea, sind wohl erloschen.

Am weitesten im Südosten liegt die größte und jüngste Insel: Hawaii selbst. 5 große Vulkane haben sie innerhalb der letzten Million Jahre gebildet. Der Berg Kohala im Nordosten Hawaiis ist auf der Insel selbst wiederum der älteste. Seine Hänge sind vom Regen zerfurcht, tiefe Schluchten führen hinab bis zur Steilküste. Der Kohala und der Mauna Kea waren seit Menschengedenken nicht mehr tätig. Ob sie jedoch endgültig zur Ruhe gekommen sind, läßt sich schwer sagen. Auch den im Westen der Insel liegenden Hualalai hatte man für erloschen gehalten, bis er im Jahr 1801 völlig überraschend wieder ausbrach.
Der Mauna Loa und der Kilauea, die beiden südöstlichen Berge also, sind tätige Vulkane. Ihre Hänge sind glatt und ausgeglichen. Zwar reißt auch hier jeder Regenguß neue Rinnen, lange bleiben solche Rinnen aber nicht bestehen, denn die dünnflüssige Lava der zahlreichen Ausbrüche folgt den Regenrissen und kleistert sie aus. Wenn viel Magma gefördert wird, erreichen sogar die Lavaströme aus der Gipfelregion des Mauna Loa, nach einem Weg von über 50 Kilometern, das Meer. Eine riesige Dampfsäule steht dann über der Küste. Durch die plötzliche Abkühlung der etwa 1200 °C heißen Lava im Wasser kommt es zu gewaltigen Spannungen in der erstarrenden Lava und zu heftigen Dampfexplosionen.
Durchschnittlich alle dreieinhalb Jahre spuckte früher der Mauna Loa.

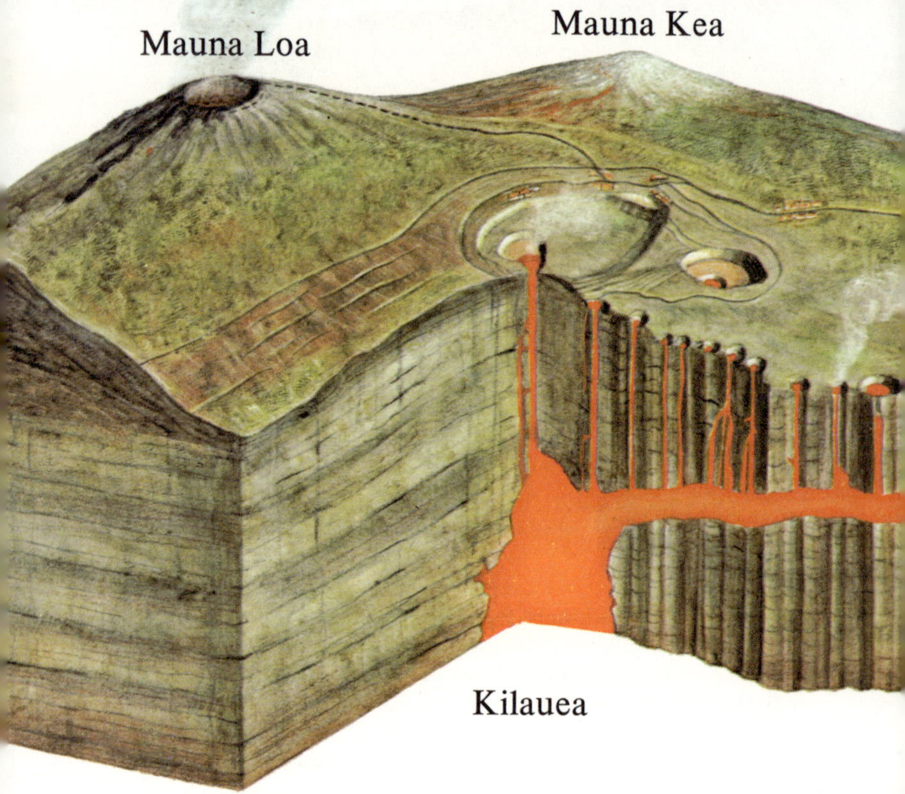

Von den drei großen Inseln ist Oahu im Nordosten die älteste. Ihre Vulkane sind zur Ruhe gekommen. Sie senkt sich auch nicht mehr in den Untergrund ab. Die jüngere Insel Maui, mit dem Vulkan Haleakala, ist noch nicht ganz zur Ruhe gekommen. Sie sinkt 1,7 mm im Jahr. Hawaii mit seinen überaus aktiven Vulkanen sinkt jährlich 4,8 mm ab.

Ein vereinfachtes Blockbild zeigt die Verhältnisse im Vulkan Kilauea. Aus einer Tiefe von 50–60 km steigt das Magma bis in die Magmakammer auf, die 2–3 km unter der Erdoberfläche liegt. Entlang der vorhandenen Spaltensysteme entwickeln sich die Schlote. Ein Seitenkanal fördert die Lava zu Ausbruchsstellen, die mehr als 20 km entfernt auf den großen Spalten der Ostküste liegen. Mitten im Bild der Kilauea-Krater mit dem Halemaumau-Kessel. Rechts davon der Kilauea Iki.

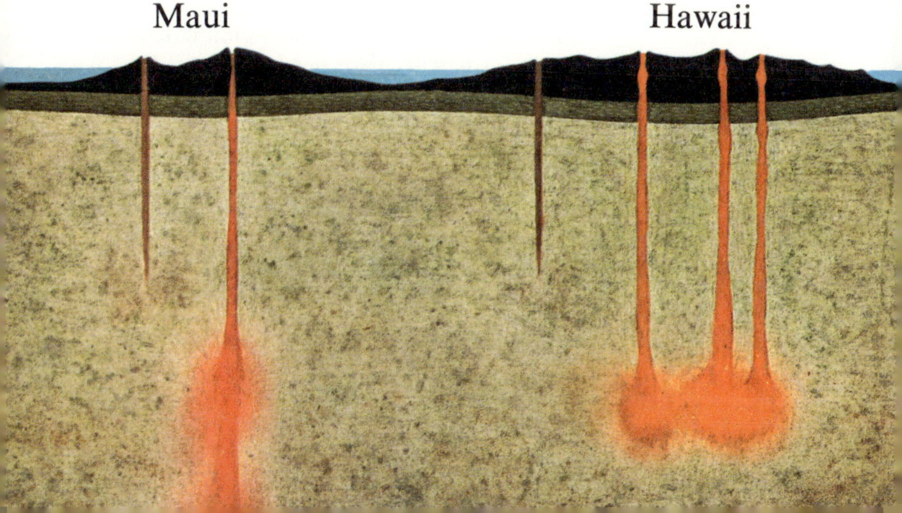

Seit 1950 ist er merkwürdig still geworden. Nur aus den Rändern des 5 auf 6 Kilometer großen Einbruchskraters in seinem Gipfelplateau steigt etwas Dampf auf.
Der Kilauea, das heißt soviel wie »Höhe der Dämpfe«, lehnt sich an den südöstlichen Fuß des Mauna Loa an und ist äußerlich nur schwer von ihm zu trennen. Der Kilauea besitzt aber ein eigenes vulkanisches System. Sein Gipfelplateau, das auch zum Mauna Loa hin etwas abfällt, erreicht 1200 Meter Meereshöhe. In seinem Zentrum liegt ein System ineinandergeschachtelter Einbruchskrater mit steilen Rändern.
Im Nordwesten, auf dem höchsten Punkt über dem Kraterrand, steht das Vulkan-Observatorium. Von dort aus überblickt man den Kilauea-Krater und einen zentralen, fast kreisrunden Einbruchskessel, den Halemaumau. In der Sprache der Polynesier heißt Halemaumau soviel wie »Haus der Farne«. Für die alten Hawaiianer war das ganze Gebiet ein heiliger Bezirk, der Wohnsitz der Vulkangöttin Pele. Der Durchmesser des Halemaumau-Kraters beträgt etwa 1000 Meter. Zur Zeit ist er ungefähr 140 Meter tief. Aus einer Reihe von Spalten im Kratergrund steigt Dampf auf. Jahrzehntelang brauste und brodelte ein wabernder Feuersee manchmal nur 30 Meter unter dem Kraterrand. Anfang 1924 fiel sein Spiegel überraschend schnell 200 Meter tief ab. Mitte Mai 1924 erschütterten gewaltige Dampfexplosionen den Halemaumau. Offenbar war Grundwasser bis zum Magmaschlot vorgedrungen. Danach ereigneten sich kleinere Ausbrüche im Kessel selbst. Der Feuersee aber blieb die meiste Zeit verschwunden.
Ruhiger geworden ist der Kilauea deshalb aber keineswegs. Fast kein Jahr vergeht, in dem nicht irgendwo auf seinem Gipfel-Plateau oder an seinen Flanken neue Krater aufbrechen. Durchschnittlich 50 Millionen Kubikmeter Lava liefern sie jedes Jahr. Das entspräche etwa einem 1 Meter dicken und 1 Meter breiten Lavagürtel rund um die Erde.
Kommen diese ungeheueren Lavamengen aus der Erdkruste? Das ist nicht gut möglich, dazu ist die Kruste viel zu dünn; unter dem Pazifik wird sie höchstens 5 Kilometer dick.
Auch die sehr hohe Austrittstemperatur von immerhin 1200 Grad Celsius weist auf ein tief gelegenes Liefergebiet unterhalb der Erdkruste, also auf den oberen Erdmantel, hin. Auch die Ergebnisse der Erdbebenmessung sprechen dafür. Einige der Ausbrüche werden nämlich durch Beben eingeleitet, die aus etwa 50 bis 60 Kilometer Tiefe kommen. Die Erschütterungen kündigen wahrscheinlich den beginnenden Aufstieg eines Magmaschubs an.
Der geringe Kieselsäureanteil der Hawaiilava weist nicht nur auf ihre Herkunft hin, er ist auch für ihr Verhalten an der Erdoberfläche von

großer Bedeutung. Kieselsäurereiche Lava ist nämlich zäh. Je geringer der Kieselsäureanteil ist, um so dünnflüssiger wird sie. Wenn sie dann noch so heiß ist wie auf Hawaii, verhält sie sich fast wie Wasser, bildet feurige Seen mit Wellengang und Brandung, überflutet die Ebenen und schießt als alles vernichtender, feuriger Sturzbach mit Geschwindigkeiten bis zu 40 Stundenkilometer zu Tal!
Jeder Lavastrom läßt die Insel ein wenig wachsen und macht sie ein wenig schwerer. Damit erhöht sich auch ihr Druck auf den Untergrund!

Verbrannte Bäume am Rand des Kilauea Iki. Im Hintergrund der Schlackenkegel, den die Lavafontäne aufschüttete.

Bildreihe oben: Langsam fließende Seillava rückt vor. Die erstarrende Haut reißt auf und läßt heißere Lava aus dem Innern ausquellen (links). Seillava (Pahoehoe) überrollt die ältere Lava (Mitte). Rechts: Der Pahoehoe-Lavastrom aus dem Mauna Ulu (Januar 1970).

Genaue Messungen haben ergeben, daß die Erdkruste unter den Inseln tatsächlich eingedellt ist, ja daß sich Hawaii in unserer Zeit Jahr für Jahr durchschnittlich 4,8 Millimeter senkt. Solange der Untergrund noch plastisch ist, wird das so weitergehen. Die Insel selbst wird durch ihr Gewicht zusätzlich »auf die Tube drücken«, bis sich die Aufschmelzungszone in der Tiefe noch weiter nach Südosten verlagert. Dann wird sich Hawaii genauso stabilisieren, wie dies bei den nordwestlichen Inseln heute schon der Fall ist.

Im Gegensatz zu vielen anderen Vulkangebieten der Erde sind die Feuerberge Hawaiis auch für Touristen hervorragend erschlossen. Breite, asphaltierte Straßen steigen von der Hafenstadt Hilo über die flachen Hänge bis auf die Höhe des Kilauea. Sie umkreisen die Krater, winden sich ein Stück den Mauna Loa hinauf und führen zu jedem interessanten Punkt. Daneben gibt es Wanderwege durch die Sandelholz- und Baumfarnwälder. Sie führen zu den Dampflöchern rings um die Krater, zu den Orchideenwiesen und hart an die Ränder der kleinen Einsturzkessel. Quer durch den Kilaueakrater verläuft der Halemaumau Trail: »The world's weirdest walk!« – Der Welt unheimlichster Pfad!

Rechts: Aufquellender Lavastrom im Krater des Mauna Ulu (Februar 1970)

Lanzarote – Mond von dieser Erde

Hat der Mond einen neuen Namen? Keineswegs! Lanzarote liegt nicht im Weltraum, sondern 100 Kilometer vor der Westküste Afrikas. Lanzarote ist die östlicheste der Kanarischen Inseln.
Weshalb dann Mond? Gibt es am Ende keine Luft auf Lanzarote oder kein Wasser? O doch, an Luft fehlt es nicht, von der besten Qualität ist sie sogar und ständig in Bewegung. Was jedoch das Wasser anbelangt, sieht die Sache schon anders aus; keine Quelle findet man auf der ganzen Insel und keinen Bach. Nur Zisternenwasser, von den spärlichen Regen im Winter gespeist, steht den Bauern zur Verfügung. Erst seit kurzem beliefert eine moderne Meerwasserentsalzungsanlage die Hauptstadt Arrecife, die Hotels und die Touristenbungalows mit preiswertem Trinkwasser. Immerhin, der Wassermangel mag als Pluspunkt für die Überschrift gelten, nur: auch in der Sahara fehlt Wasser, und kein Mensch kommt auf die Idee, die Sahara mit dem Mond zu vergleichen. Doch wenn es reihenweise Kraterberge gäbe und ausgedehnte Lavameere, dann stimmte die Überschrift schon eher! Krater und Lavafelder aber zeichnen Lanzarote aus wie kaum einen anderen Platz der Erde, deshalb die Bezeichnung »Mond«!
Wer mit dem Flugzeug über Lanzarote schwebt, blickt in das Mondgesicht. 300 Kraterberge bedecken die knapp 800 Quadratkilometer große Insel, die kleinen Kegel noch gar nicht mitgerechnet. Einige wenige, wie der Volcan Corona im Norden, stehen für sich allein. Viele Krater liegen in Reihen hintereinander auf langen Bruchspalten, an denen sie gemeinsam entstanden sind. Aber auch in ganzen Haufen, dicht gedrängt, kommen sie vor, wo sich Spaltensysteme kreuzen.
Da gibt es dunkle Schlackenkegel, an denen die Zeit gearbeitet hat, runzelige Berge mit Rillen in den Hängen und abgewetzten Kanten. Im Frühjahr, wenn es ein paar Tage geregnet hat, überzieht sie ein grüner Schleier bis zum Gipfel. Sattgrün dehnen sich dann auch die Täler dazwischen, mit Palmenhainen und weißen Würfelhäusern, die an das nahe Afrika erinnern.
Schwarz ist dagegen jahraus, jahrein die Mitte und der Westen Lanzarotes. Mal Pais, »Böses Land«, nennen die Einheimischen diese unfruchtbare vulkanische Welt. Dort stehen die Feuerberge der Montaña del

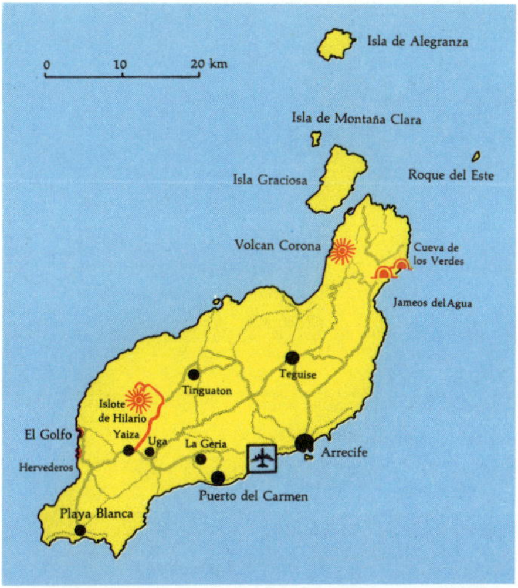

Links: Karte von Lanzarote

Unten: Lanzarote ist die nordöstlichste der Kanarischen Inseln, die alle, wie auch Madeira, vulkanischen Ursprungs sind.

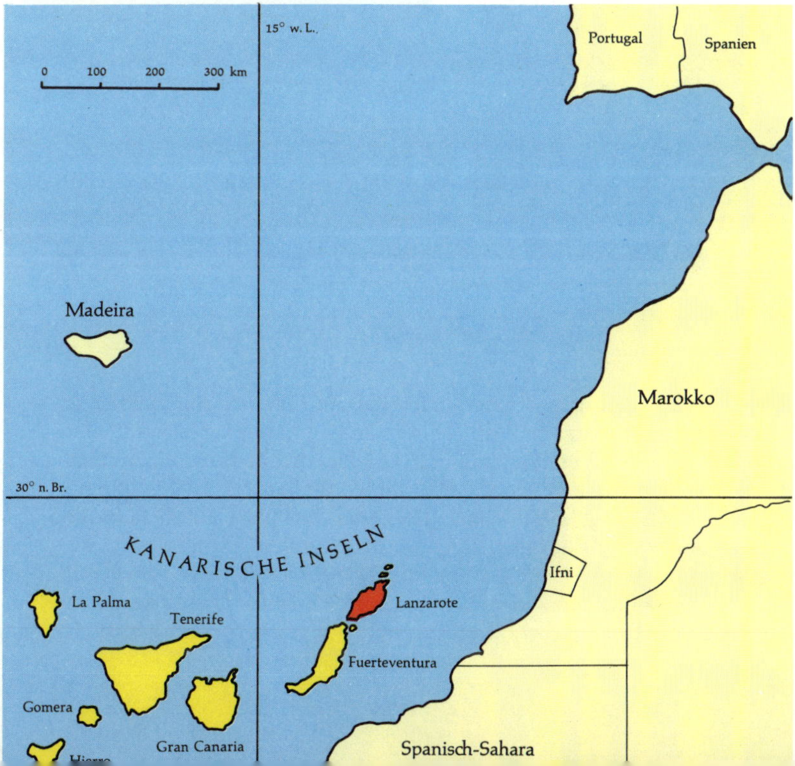

Harter Basalt und lockere Schlackenschichten lagern im Krater von El Golfo abwechselnd übereinander. Die Entwicklung eines Schichtvulkans wird deutlich.

Fuego mit aufgerissenen Kratern und blauschwarzen Aschenhalden. In der vulkanischen Hitze sind die Kraterwände und die Schlackenhaufen rostrot oxydiert. Als erstarrtes, bleiernes Meer erfüllt die Lava das Tiefland ringsum mit langen, speckig glänzenden Wellen, runzelig, schuppig, an tausend Rissen geborsten und zu Schollen zerfallen. 200 Quadratkilometer, ein Viertel der Insel, sind darunter begraben. Aufgerissene Rachen ringsum, doch keiner der Krater glüht. Nirgends steigt Rauch auf, nirgends ein Wölkchen von heißem Dampf! Wie Museumsstücke stehen die Berge da. Der spärliche Frühjahrsregen versickert spurlos in ihren

Rechts: Die alten Vulkane Lanzarotes sind zerfurcht und von Pflanzen bedeckt. Unten links: Die jüngeren sind selbst nach 250 Jahren noch schwarz und kahl. Unten rechts: Die Landwirtschaft hat im »Mal Pais« noch nicht wieder Fuß gefaßt. Doch Touristen zieht die heroische Landschaft an.

Schlackenhalden und zwischen den Lavaschollen. Deshalb gibt es weit und breit keine Quelle, keinen Bachlauf, der die Landschaft umgestaltet. Über Jahrhunderte werden die Ereignisse in diesem trockenen Land konserviert.

Mitte 1824 flackerte das vulkanische Feuer zum letztenmal auf Lanzarote. Entlang einer Spalte von Nordosten nach Südwesten öffneten sich nacheinander die Krater der Feuerberge Tao, Tinguaton und Volcan Negro.

Schlackenkegel bildeten sich, Lava floß aus, und als Meerwasser in die Spalte eindrang, schossen riesige Dampf- und Heißwasserfontänen in

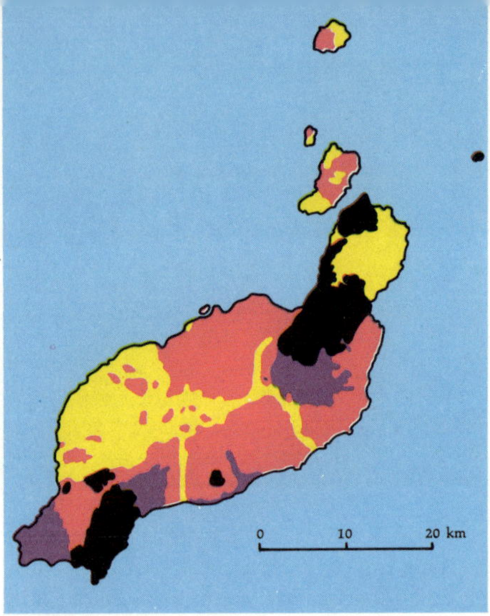

Links: Die Vulkanologen unterscheiden auf Lanzarote verschieden alte Basaltserien. Die älteste (schwarz) ist mindestens 12 Millionen Jahre alt. Die violette ist jünger. Deutlich jünger ist die rote. Die Lavamassen der letzten Jahrtausende sind gelb eingetragen. Rechts: Ein Bild von den vulkanischen Ereignissen auf Lanzarote geben die Ausbrüche auf La Palma 1971. Dort stieß die Lava bis zum Meer vor.

die Höhe. Der grausamste Feuersturm aber, der die Kanarischen Inseln seit Menschengedenken heimsuchte, tobte ein Jahrhundert zuvor, sechs lange Jahre hindurch: Am 1. September 1730, zwischen 9.00 und 10.00 Uhr abends, erbebte die Erde unter Donnerschlägen. Der Pfarrer von Yaiza, Don Andrés Lorenzo Curbelo, schrieb: »Die Erde öffnete sich bei Timanfaya, und ein riesiger feuerspeiender Berg erhob sich. 19 Tage dauerte das grausige Schauspiel. Wenige Tage danach öffneten sich andere Krater, aus denen Lava quoll, die sich über die Dörfer Timanfay, Rhodeo, Mancha Blanca schob. Am 6. September verlegte ein großer Fels dem Lavastrom den Weg und lenkte ihn aus der Nordrichtung nach Nordwesten um. Damit wurden auch Maretas und Santa Catalina zerstört. Am 11. September brachen neue Feuerschlünde auf. Dünnflüssige Lava überflutete Mazo und stürzte nach 6 Tagen mit schrecklichem Getöse und schaurig-schönen, feurigen Kaskaden ins Meer . . .«
Den fruchtbarsten Teil der Insel zerstörten die vulkanischen Gewalten. 400 Häuser, Gärten und Felder versanken im glühenden Lavameer. Die Menschen flohen nach Norden und Süden, ziellos und ohne Hoffnung auf Sicherheit. Manche verließen die Insel für immer. Im Herbst 1730 spieen gleichzeitig 30 Krater Tod und Verderben. Mit kleinen Unterbrechungen dauerten die Eruptionen und Lavaausbrüche bis zum 10. April 1736 an.
Danach hatte Lanzarote sein Gesicht völlig verändert. Die besten Felder, die wohlhabendsten Dörfer waren zerstört. Ein Mondgebirge erhob

sich nun über der Mitte der Insel, trostlos, abweisend, ein Garten des Todes. Doch in ihrem Schrecken waren die Menschen zu unfreiwilligen Zeugen eines Vorgangs geworden, der seit 20 Millionen Jahren in längeren oder kürzeren Abständen die Insel wachsen läßt und das Meer zurückdrängt.

Nuestra Señora de los Volcanes, »Unsere Liebe Frau von den Vulkanen«, ist die Schutzherrin der Insel. Ihr ist die kleine weiße Kirche von Mancha Blanca geweiht. Ein Kreuz steht auf dem erstarrten Lavastrom, nur wenige Meter von der Kirche entfernt. Dort hielt er an, teilte sich und nahm einen anderen Weg, als die Gläubigen des Dorfes mit dem Bildnis der Gottesmutter der brennenden Flut entgegenzogen. Alljährlich am 15. September wird die Erinnerung an das Wunder von Mancha Blanca mit aller Hingabe gefeiert.
Zweieinhalb Jahrhunderte sind seit den höllischen Jahren vergangen. Strahlend weiß stehen heute die Häuser von Yaiza, dem Städtchen am Südrand des Mal Pais, vor den schwarzen Schollen des Lavameers und den rostüberlaufenen Kuppen der Montaña del Fuego. Aber das Rebland und die Zwiebelfelder enden immer noch an der Grenze, die einst die Lava zog. Dennoch wandert jeden Morgen eine lange Kamelkarawane von Yaiza zu den Feuerbergen in die Gegend, die man auch heute noch nach dem verschütteten Dorf Timanfaya nennt. Afrika! Beduinen auf der Wanderschaft! Nur einen Augenblick hält diese Vorstellung der Wirklichkeit stand. Die Bauern von Yaiza sind es, die ihre Arbeitsdromedare am langen Strick zu den Feuerbergen führen. Um 10.00 Uhr kommen die Touristen. Ein Kamelritt ist dann leicht zu verkaufen.
Eine vorzügliche Asphaltstraße durchquert das Lavameer, eine Abzweigung verläßt die Durchgangsstraße am Nordabhang der Vulkankette. Sie führt in den neugeschaffenen Nationalpark. Der Schlagbaum öffnet sich! Der Wagen rollt in eine Urlandschaft. Kahle Schlackenkegel, deren Hänge der Wind mit Wellen und Rippelmustern überzogen hat,

Rechts oben: Hornitos auf Lanzarote

In einem regelrechten Kanal floß die Lava am Ätna im Jahr 1971.

begleiten die Straße. Stumpfes Schwarz beherrscht die Runde, aber es gibt auch metallische Farben, wie bei ausgeglühtem Stahl, schillerndes Blau und Violett, mineralisches Braun und Rostrot. Die Asphaltpiste führt durch die weite Niederung. Bis zum Horizont dehnt sich das Lavameer. Erst aus der Nähe begreift man, wie unwegsam und abweisend das Mal Pais ist; die erkaltende Lava ist in Blöcke und unzählbare dünne Schollen zerbrochen. Nur zögernd siedeln sich kleine graue Flechten in dieser sonnendurchglühten Welt an.

Fast unmerklich steigt die Straße an und führt in einen Krater, aus dem einst ein mächtiger Lavastrom Tod und Verderben brachte. Wie eine Sichel legt sich ein Schlackenhang um den erloschenen Schlot. Kleinere Schlacken- und Aschenkegel säumen den ganzen Weg, manche sind durch seitliche Sprengtrichter aufgerissen. Lavaschornsteine, Hornitos nennt sie der Fachmann, stehen mitten im Lavameer. Aus ihnen entwichen die Gase der heißen Lavaströme, die unter der erkalteten Decke wie in einem Tunnel noch eine Zeitlang weiterflossen. Unter Druck schossen die Gase durch einige Löcher in der Decke, rissen glühende Lavafladen mit und mauerten regelrechte Kamine auf.

Am Rande eines Sprengtrichters auf dem Islote de Hilario endet die Fahrt. Am Kraterrand steht ein bemerkenswertes Restaurant: eine Diskusscheibe aus porösem Basalt, rostigem Stahl und Glas. Ein kühnes, modernes Gebäude, von lanzarotanischen Architekten entwickelt und vielleicht deshalb so eindeutig und selbstverständlich auf die vulkanische Landschaft bezogen. Unter einer offenen Kuppel öffnet sich ein kreisrunder, tiefer Schacht. Ein Ziehbrunnen? Der Schein trügt! Keine Spur von Wasser! Aus der Tiefe des »Brunnenschachts« steigt gluthei-ße, zitternde Luft auf, vulkanisch erhitzte Luft. Der ganze Berg ist heiß! Die Bodenfliesen im Restaurant sind etwas mehr als handwarm. Der Lavagrus, den Manuel am Hang zusammengeschippt hat, aber ist teuflisch heiß. Doch so braucht er ihn für seine Schau: Mit scheinheiligem

Spiegelei, vulkanisch gebraten

Unten: Am Rande eines Sprengkessels liegt das »Vulkan-Restaurant« auf dem Islote de Hilario.

Lächeln verteilt er freigiebig kleine Portionen in die aufgehaltenen Hände der Touristen. Ob er es genießt, wenn sie zuerst große, erstaunte Augen bekommen und Sekunden später erschreckt zurückzucken, um den heißen Sand abzuschütteln? Manuel lächelt. Die Schau geht weiter: Erst brät er Spiegeleier auf seinem Sandhaufen, dann holt er mit einer langen Gabel ein Bündel trockenes Reisig aus seinem Vorrat und steckt es in eine zwei Meter tiefe Grube. Es dauert keine Minute, bis die Zweige in hellen Flammen stehen.
Ein Grill, auf dem man Fische schmoren kann, ist in den Berg gebaut. In

der letzten Abteilung seiner Schau schüttet Manuel Wasser aus einem Eimer in ein eisernes Rohr, das man zwei Meter tief in den Boden getrieben hat. Zuerst dampft es nur aus dem Rohr, dann kocht es über, und mit einem Schlag schießt ein Wasser-Dampf-Gemisch wie ein Geysirstrahl 6 bis 7 Meter hoch in die Luft. Die Touristen sind platt! Manuel strahlt! Er hat bewiesen: das unterirdische Feuer ist auf dem Islote de Hilario noch nicht erloschen! In 20 Zentimeter Tiefe mißt man 140 Grad, in 2 Meter Tiefe 400 Grad Celsius.

Am frühen Nachmittag kehrt die letzte Karawane von den Feuerbergen zurück. Mit merkwürdig eckigen Bewegungen steigen die Dromedare auf den schmalen Trampelpfaden abwärts. Wie auf hoher See schwanken die Reiter in ihren Sitzen. Ein Windstoß wirbelt Staub auf. Für einen Augenblick ist Afrika wieder ganz nahe.

Es ist kein Wunder, daß die genügsamen Dromedare die wichtigsten Arbeitstiere auf der wasserarmen Insel sind. Nur für Fremde ist es ungewohnt, Kamele vor dem Pflug zu sehen. Sie wundern sich vielleicht auch darüber, daß der Holzpflug den Boden nicht wendet, sondern nur Rillen in den schwarzen Lavagrus zieht, auch, daß es keinen Platz für Traktoren gibt, denn die meisten der kleinen Felder sind von meterhohen Trockenmauern umgeben. Im Rebland von Uga ist jeder Stock der Malvasiertrauben in einen flachen Trichter gepflanzt und meist noch durch eine halbkreisförmige Mauer geschützt. Selbst Feigenbäume wachsen als niedrige Bäume in den schwarzen Trichtern und bringen volle Ernte.

Es ist eine merkwürdige Sache, daß es auf dieser wasserarmen Insel überhaupt Ackerbau gibt. Man muß allerdings auch einiges für die Kulturpflanzen tun, daß sie das ganze Jahr durchstehen. Gegen Kälte braucht man sie nicht zu schützen; auf Lanzarote schneit es nie. Auch die Sommerhitze ist erträglich, wenn man bedenkt, daß die Sahara auf der gleichen Breite liegt. Es kommt zwar vor, daß die Temperaturen im Inneren bis über 40 Grad steigen, meist aber liegen sie erheblich niedriger, denn der kühle, nur etwa 20 Grad warme Kanarenstrom wirkt wie eine große Klimaanlage. Aber Regen fällt nur an wenigen Tagen im Spätwinter. An über 300 Tagen im Jahr scheint die Sonne, und fast immer weht ein Wind. Trockenheit ist auch das landwirtschaftliche Problem.

Hilfe kommt vom Picon, dem körnigen Lavagrus, mit dem die Felder etwa 30 Zentimeter hoch bedeckt werden. Dieser porenreiche Lavasplitt, der an den Hängen der alten Vulkane abgebaut wird, nimmt nämlich den nächtlichen Tau auf und leitet ihn den Wurzeln zu. Mit seiner Hilfe ist es möglich, Pflanzenbau zu betreiben, vorausgesetzt, daß man den ewig wehenden Passatwind davon abhält, den Boden auszutrock-

Wein und Feigen gedeihen vorzüglich in der lockeren Vulkanasche, wenn sie in flachen Trichtern oder durch halbkreisförmige Natursteinmauern vor Wind geschützt sind.

nen. Deshalb baut man Trichter und Mauern, die gegen den Wind gerichtet sind. Deshalb auch der »altmodische« Hakenpflug, der mehr Wasser spart als sein moderner Vetter, der Wendepflug. Der würde das feuchte Unterste zuoberst kehren und die Verdunstung damit erheblich verstärken.

Viel weniger Pflege als die Rebstöcke und Feigenbäume verlangen die breitstengeligen Opuntien, die vor allem im Norden Lanzarotes in großen Plantagen gezogen werden. Zwar schätzt man ihre süßen, stacheligen Früchte sehr, aber das ist nicht der Grund, weshalb man sie anpflanzt. Das Mädchen im hellen Arbeitsmantel mit der breiten Sonnenkapuze geht nicht durch das Kaktusfeld, um Früchte einzusammeln. Mit einem scharfkantigen Löffel schabt es hellgraue Schildläuse von den Stengeln in eine Büchse. Wird eine Schildlaus durch den Löffel zerdrückt, bleibt ein purpurroter Farbfleck auf der Pflanze zurück. Auch

Dromedare sind auf Lanzarote bewährte Arbeitstiere.

Auf den Opuntien werden Schildläuse gezüchtet. Diese liefern für die kosmetische Industrie einen purpurroten Saft.

der Mantel ist von Purpurflecken getüpfelt. Diesem Farbstoff zuliebe werden die Schildläuse auf den Opuntien gezüchtet. Für die kosmetische Industrie gewinnt er wieder zunehmende Bedeutung. Die besten Lippenstifte enthalten den roten Farbstoff der Cochenilla, der Purpurschildlaus.

Im Norden der Insel liegt auch der 610 Meter hohe Volcan Corona, der sein Zackenhaupt über eine 450 Meter hohe Steilküste erhebt. Nach allen Seiten schickte er vor mehr als 2000 Jahren Lavaströme bis zum Meer.

24 Quadratkilometer bedeckt heute das »Mal Pais de la Corona«. Die Oberfläche der jahrtausendealten Lavaströme ist auch heute noch unfruchtbar. Aber die Insel wurde größer durch die Ausbrüche des Corona. Über 20 Quadratkilometer drängte er das Meer zurück. Das wäre nichts Besonderes auf einer Insel, die aus Vulkanen zusammengesetzt ist, wenn nicht im Lavafeld des Coronavulkans die größte Lavahöhle der Welt läge: die 6,1 Kilometer lange »Cueva de los Verdes«. Vom Rand des Coronavulkans bis zum Meer hinab durchzieht diese Höhle die Lavamassen. Der Höhenunterschied auf dieser Strecke beträgt 230 Meter. Bis zu 24 Meter breit wird sie und bis zu 15 Meter hoch.

Als die Lava ringsum schon erstarrt war, strömte immer noch der Glutfluß in der Röhre. Selbst als der Nachschub aus dem Vulkan zurückging, muß er noch so heiß und so dünnflüssig gewesen sein, daß er unten am Meer ausfloß. Aus der leerlaufenden Lavaleitung entstand dabei die Höhle. In der »Backröhre« blieb die Temperatur auch deshalb lange Zeit höher als in der Umgebung, weil die heißen Gase, die aus der Lava

Lavahöhlen entstehen, wenn im erstarrenden Glutfluß ein heißer Strang noch weiter läuft. Sobald die Lavalieferung aus dem Vulkan nachläßt, wird über dem fließenden Strang ein Hohlraum frei. An den Wänden der Höhle lagert sich erstarrende Lava ab, die von den heißen Gasen immer wieder geschmolzen wird, so daß sich Lavatropfsteine bilden. Schließlich erstarrt auch das Lavarinnsal am Grund der Höhle.

Rechts: Die Cueva de los Verdes entstand beim Ausbruch des Corona-Vulkans, der im Hintergrund zu sehen ist.

austraten, sich mit Luft vermischten und verbrannten. Die Spuren dieser Oxydation erkennt man heute noch als rote und grüne Flächen an den Höhlenwänden. Auch die Lava der Decke wurde durch die hohe Temperatur noch einmal aufgeschmolzen, zog sich zu langen Lappen aus und tropfte ab. Die erstarrten Lavatücher und Glutflußtränen hängen heute noch wie Tropfsteine von der Decke und den Wänden. Striemen an der dunklen Höhlenwand geben die Fließrichtung des Feuerstroms an; auch daß die Lava sehr dünnflüssig gewesen sein muß, kann man erkennen, denn als der letzte Rest des abfließenden Lavastroms in der Höhle selbst erkaltete, schob sich die dünne, elastische Oberflächenhaut zu vielen Falten und Fältchen zusammen. Durch die Bewegung wurden die Falten verdreht, nun liegen sie wie verschlungene Taue als Stricklava am Höhlengrund.

Heute ist der schönste Teil der Höhle für den Besuch ausgebaut. Von der Höhe des Mal Pais führt ein schmaler Fußweg in einen Einbruchskessel hinab, folgt einige Meter durch ein hohes, dunkles Tor der Röhre, die zum Meer hinführt, um dann in westlicher Richtung durch einen engeren Gang die tiefste Stelle, 35 Meter unter der Oberfläche, zu erreichen. Musik begleitet die Besucher auf dem ganzen Weg, rollende Trommelwirbel, Fanfarenstöße und die unwirklichen gläsernen, tropfenden Töne einer elektronischen Komposition. Strahlende Scheinwerfer erhellen die dunklen Gänge und Hallen, lassen die Oxydationsfarben an der Höhlendecke aufleuchten, zeichnen die bizarren Schatten der herabhängenden Lavafahnen an die Wand. Fotoverschlüsse klicken, Blitzlichter zucken auf, doch die Ausbeute wird klein sein, denn es ist nicht leicht, einen so großen, dunklen, lichtschluckenden Raum genügend auszuleuchten. Saal der Hoffenden, Guanchenpfad, Teufelsröhre, ein Schacht öffnet sich nach oben, eine Brücke wird sichtbar. Die Höhle hat zwei Stockwerke, das größere, geräumigere, liegt oben. Treppauf, treppab, der Gang weitet sich zu einem großen Auditorium, einem Konzertsaal, der seinesgleichen sucht.

Gitarrenmusik klingt auf! Die Akustik ist unübertrefflich! Kein Echo, kein störender Nachhall; die Lavawände sind porös. Über zwei Leitern geht es nach oben in die Bibliothek und durch den Todesschlund.

Blinder Tiefseekrebs in der Jameos del Agua

Plötzlich steht die Gruppe vor einem gähnenden Abgrund. Am Rand führt ein schmaler Pfad weiter, ohne Seilsicherung, ohne Geländer. Die Besucher murren, als Ildefonso sie bittet, weiterzugehen. Jetzt zeigt sich, wer Mut hat. Bevor die Gewissensfrage aber wirklich gestellt wird, nimmt er einen Stein und wirft ihn in den Schacht. Ein Zauberschlag zerreißt das Bild! Wasser spritzt auf! Der Stein bleibt vor den Füßen der entsetzten Zuschauer liegen! Wo eben noch ein Abgrund zu sein schien, kräuseln sich jetzt die Wellen eines Höhlenteichs. Täuschung war alles! Der raffiniert beleuchtete Schacht über ihnen hatte sich im völlig glatten Wasser gespiegelt. Hellwach und aufmerksam wandern die Besucher dem Ausgang zu, der im gleichen Einbruchskessel liegt wie der Eingang, nur eben eine Etage höher.
Der unterste Abschnitt des Höhlensystems, schon in der Nähe des Meeres, ist ebenfalls zugänglich. In der »Jameos del Agua« – Jameos heißt soviel wie Höhleneinsturz – liegt ein Höhlensee, der im Wechsel von Ebbe und Flut steigt und fällt. Meerwasser erfüllt ihn. Zentimeterlange, weiße Höhlenkrebse leben dort. Sie sind aus der dunklen Tiefsee in die Finsternis der Lavahöhle eingewandert. An beiden Enden des Sees ist die Höhlendecke nachgebrochen. Die Schutthügel hat man in aufsteigende Terrassen verwandelt und mit Basaltplatten planiert. Weißgedeckte Tische und Stühle stehen dort, Kakteen und Papayapflanzen wachsen im einfallenden Sonnenlicht. Im exklusiven Höhlenrestaurant, bei angenehmer Temperatur, im Schatten eines orangefarbenen Sonnensegels, das einen Teil des großen Loches im Höhlendach überspannt, kann sich der müde Besucher von seinem Gang durch die Cueva de los Verdes und das Mal Pais de la Corona erholen. In aller Ruhe mag er über die Entstehung und Geschichte dieser unterirdischen vulkanischen Welt nachdenken.

Santorin – War es Atlantis?

Etwa 100 Kilometer nördlich von Kreta liegt die südlichste Inselgruppe der Kykladen: Santorin.
Fünf Inseln bilden den Archipel. Im Osten liegt Thera, die größte Insel. Wie eine geöffnete Hand spannt sie sich um ein blaues Binnenmeer, das im Nordwesten von der kleineren Insel Therasia und im Süden vom wei-

Karte von Santorin. Außer dem Elias-Berg ist die Inselgruppe vulkanischen Ursprungs.

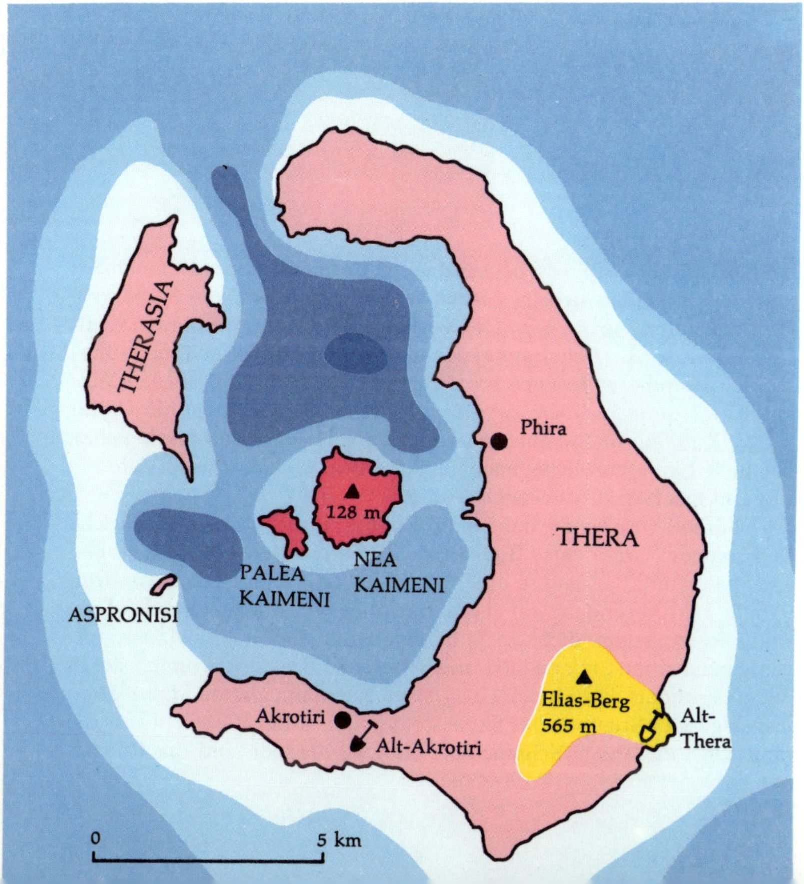

Auf diesem Luftbild sieht man vorne Thera, in der Mitte Nea Kaimeni und dahinter Palea Kaimeni.

ßen Inselsplitter Aspronisi begrenzt wird. Mitten in diesem Binnenmeer liegen zwei ziemlich niedrige Inseln. Wegen ihrer schwarzen Farbe werden sie Kaimeni, soviel wie »Die Verbrannten«, oder, wenn man großzügiger übersetzt, »Feuerland«, genannt. Im Gegensatz zu ihnen erheben sich die äußeren Inseln schroff mit hohen Steilwänden aus dem Binnenmeer. Nur nach außen, zur offenen Ägäis hin, fallen auch sie sanfter ab. Die Kaimeni sind rostbraun und schwarz. Die äußeren Inseln haben eine helle Landoberfläche, manchmal erscheinen sie fast weiß, denn sie sind von mächtigen Bimslagen bedeckt.
Am Südrand von Thera, nahe beim Dorf Akrotiri, graben griechische Archäologen. Unter einer Bimsdecke, die einige Meter dick ist, stoßen ihre Spaten auf die Mauern einer alten Siedlung, die offenbar vor dreieinhalb Jahrtausenden von ihren Bewohnern verlassen wurde. Eine Straße ist freigelegt, dicht aneinandergebaute Häuser mit Mauern aus wenig behauenen Steinen, aber mit Türen und Fenstern, säumen sie. In einem besonders vornehmen Haus ist ein Raum mit glatten Steinplatten ausgelegt. Der Stumpf einer Säule steht in der Mitte. Vielleicht trug die Säule einst ein Dach. Schmucklos, merkwürdig leer sind die Räume.

Kein kostbares Stück hat man bisher gefunden, auch keine Überreste von Menschen. Selbst wertvollere Töpfe und teure Werkzeuge sind selten.
Der Säulenstumpf im vornehmen Haus steht schief, der Plattenboden ist auf einer Seite abgesunken. In manchen Zimmern liegen Reste der zusammengebrochenen Dächer. Auch die dicken Mauern sind geborsten und oft nicht nur in sich zusammengefallen, sondern als Ganzes auf die Straße gekippt. Für Menschen, die im Mittelmeergebiet leben, sind das eindeutige Spuren. So wirken Erdbeben und Vulkanausbrüche! Alt-Akrotiri wurde nicht von Menschenhand zerstört. Die Siedlung unter dem Bims fiel einer Naturkatastrophe zum Opfer. Ihre Bewohner konnten offenbar noch rechtzeitig fliehen. Es gehört nicht viel Fantasie dazu, sich vorzustellen, wie ein Rumoren tief im Berg die Menschen beunruhigte, wie sie nach den ersten schweren Erdstößen erschreckt ins Freie flüchteten und ihre Habe aus den Häusern retteten. Das ist bis heute so, wenn eine Stadt von Erdbeben geschüttelt wird. Normalerweise folgt auf die Zerstörung der Wiederaufbau. Hier war das anders.
Die Siedler von Alt-Akrotiri verließen ihre Heimat für immer. Wahr-

scheinlich gingen sie auf die Schiffe, die in der Bucht am Südrand der Stadt lagen, und suchten ihr Glück in der Ferne.
Die Zukunft ihrer alten Heimatinsel aber hatten sie richtig eingeschätzt; sie war dem Untergang geweiht! Es mag sein, daß sich schon mit den Erdbeben zusammen die ersten vulkanischen Spalten am Gipfel der Insel geöffnet hatten, daß der Asche- und Bimsregen, der sie später völlig verschütten sollte, bereits eingesetzt hatte. Genaues ist nicht bekannt. Merkwürdig ist nur, daß in die verlassene Siedlung noch einmal Menschen kamen, um für kurze Zeit Besitz von den Ruinen zu ergreifen. Alles spricht dafür, daß es nicht die alten Bewohner waren, sondern arme Teufel, die sich in den geborstenen Mauern einnisteten. Professor Spyridon Marinatos, der Athener Archäologe und Ausgräber von Alt-Akrotiri, weist darauf hin, daß das Handwerkszeug der Ruinenbewohner erheblich primitiver war, als das der früheren Siedler. Auch ihre Raumansprüche waren bescheidener. Mit hastig aufgeführten Mäuerchen unterteilten sie die alten Wohnräume in kleine Kammern. Dort fand man ihre schlichten Töpferwaren und ihre einfachen Werkzeuge.
Wie lange sich die Ruinenbewohner auf der Insel halten konnten, bevor das Unheil über sie hereinbrach, weiß man nicht. Ob sie rechtzeitig fliehen konnten, oder ob der Vulkan ihnen ein grausiges Ende bereitete, ist

Das Ausgrabungsfeld von Akrotiri

Links: Bims. Rechts: Steilwand von Thera mit Bims-Verladeplatz

völlig ungewiß. Eines ist jedoch sicher: Die alte Landoberfläche der Insel überzog ein ungeheurer Vulkanausbruch mit einer bis zu 66 Meter dicken Bimsschicht, einem alles erstickenden Leichentuch.
Gerade dieser Bims hat aber die alte Landoberfläche gut konserviert. Die Bimsablagerungen selbst ermöglichen es dem Vulkanologen, Schlüsse auf den Ausbruchsverlauf zu ziehen.
Am Steilrand der Hauptinsel Thera, südlich der Stadt Phira, liegen ausgedehnte Bimsbrüche. Die weiße Wand ist dort etwa 30 Meter hoch und erstaunlich gleichförmig in ihrem Aufbau. Nur die untersten 4 Meter bestehen aus etwas rötlicherem Bims. Dann kommen, insgesamt etwa 1 Meter dick, einige dünnere Schichten. Darüber fällt es schwer, Abschnitte zu unterscheiden; das Material ist wie aus einem Guß. In der Hauptmasse besteht es aus weißem Bimsstaub, in den kleine und große Bimsbrocken eingebettet sind. Offenbar flogen diese Stücke beim Ausbruch durch die Luft und schlugen als Bomben in die lockere Masse ein. Mit einiger Wahrscheinlichkeit liegen, nach den Bimslagen zu schließen, eine Reihe getrennter Ausbrüche vor. Der erste war aber allein schon so gewaltig, daß er genügt haben dürfte, alle Menschen von der Insel zu vertreiben, denn 4 Meter Bims reichen völlig aus, um Dächer einzudrücken und Felder zu vernichten.
Als der Suezkanal gebaut wurde, war übrigens der Bims von Santorin ein hochbegehrter Rohstoff für seewasserfesten Zement. Damals wurden so große Mengen abgeräumt, daß die alte Inseloberfläche zum Vorschein kam: Ackerboden, über den einst der Pflug gegangen war, Reste von Ölbäumen und Häusern. Zum erstenmal ahnte man, daß Menschen die Bimskatastrophe miterlebt hatten.

Doch nun einmal schön der Reihe nach: Gegen Ende der Tertiärzeit, vor etwa 10 Millionen Jahren, war da, wo heute das Ägäische Meer ist, noch festes Land. Die verbindende Landmasse zwischen Europa und Kleinasien zerbrach aber. Ihr größter Teil sank unter den Meeresspiegel. Nur die höchsten Bruchschollen sind heute noch als Inseln sichtbar. Am Südrand der alten Landmasse senkte sich der Meeresspiegel auf etwa 2000 Meter ab. Dort ist die Spannung in der Erdkruste auch heute noch besonders groß. Entlang dieser Spannungslinie traten Spalten in der Erdkruste auf, an denen sich Vulkane bildeten. Die ägäische Vulkanreihe beginnt im Westen mit Susaki, Aegina und Methana, erreicht über die Insel Milos Santorin und schwingt von dort hinüber nach Nisyros, Hyali und Kos. Bis in unsere Tage hinein sind die Vulkane von Santorin und Nisyros aktiv. Am bemerkenswertesten ist zweifellos das mittlere Glied dieser Kette: die Inselgruppe Santorin!
Man könnte Santorin auch »Insel mit den vielen Namen« nennen. Einst hieß die Strongyle, »Die Wohlgerundete«. Dann nannte man sie Kalliste, »Die sehr Schöne«, auch Philothera, Kalavria, Tefcia und Rinia wurde sie genannt. Die Venezianer tauften sie nach der Heiligen Irene Santa Irini, so nennt man sie mit Santorin heute noch. Ihr türkischer Name Deirmedzik, »Kleine Mühle«, wegen der vielen Windmühlen, die es einst auf der Insel gab, ist vergessen. Auch der amtliche Name Thera ist eigentlich nur auf der Landkarte eingetragen. Aus der Liste dieser Namen ist der erste besonders merkwürdig, denn wohlgerundet ist keine der Inseln, weder das sichelförmige Thera, noch sein Gegenüber Therasia, auch nicht das winzige Aspronisi. Auf die beiden Kaimeni kann sich der alte Name gar nicht beziehen, denn sie sind erst viel später entstanden.
Also haben die Alten entweder nichts dabei gedacht, als sie Santorin »Strongyle« nannten, oder aber die Verhältnisse waren früher eben anders als heute. Bemerkenswert ist es immerhin, daß man zu einem ziemlich rundlichen Gebilde kommt, wenn man auf der Karte um die Inselgruppe herumfährt. Zwar entsteht kein regelmäßiger Kreis, aber ein ganz ordentliches Oval. Vieles spricht dafür, daß es früher einmal anstatt der Inselgruppe eine einzige Insel gab, eine vulkanische Insel, die sich mit sanfter Böschung aus dem Meer erhob und zur Mitte hin vielleicht 1000 Meter hoch aufstieg. Man ist dabei keineswegs auf Vermutungen angewiesen; die Steilwände von Thera und Therasia mit ihren zahllosen Lava- und Schlackenlagen ermöglichen eine entsprechende Rekonstruktion.
Der 568 Meter hohe Prophitis Elias im Südosten von Thera, heute die höchste Erhebung der Inselgruppe, besteht allerdings aus Kalk und

Krater von Nysiros, dem zweiten, allerdings weniger aktiven Vulkan im östlichen Mittelmeer

Tonschiefer. Mit der vulkanischen Geschichte der Insel hat er nichts zu tun. Er ist eine der übriggebliebenen Schollen der alten kykladischen Landmasse. Im Laufe der Zeit wurde der Eliasberg in den Vulkan, der aus der Tiefe des Meeres heraufwuchs, eingeschweißt.

Eine große, runde Insel mit einem hohen, zentralen Berg, an dem sich die Wolken abregneten, das muß ein verlockender Platz für die ersten Siedler gewesen sein. Vor etwa 4000 Jahren faßten sie Fuß auf Strongyle: Fischer, Hirten, kleine Bauern, geschickte Handwerker und sicher auch ein paar Händler, die mit ihren Schiffen zu den anderen Inseln fuhren und die Verwandten auf der großen Insel Kreta im Süden besuchten. Ob die Entdecker überhaupt merkten, daß sie sich zu Füßen eines gefährlichen Feuerberges niedergelassen hatten, läßt sich schwer sagen. Offenbar aber trauten sie der Ruhe und stellten sich auf friedliche Zeiten ein. Sie pflanzten Brotgetreide, hegten Ölbäume, formten auf der Drehscheibe wunderschöne Tongefäße und pflegten auch sonst die handwerklichen Künste.

Die Funde bei den Ausgrabungen sprechen dafür, daß die alten Siedler keine Griechen waren, sondern daß sie dem großen Volk der Minoer angehörten, das damals Kreta und die Insel ringsum bewohnte.

Das minoische Reich blühte und gedieh, trieb Handel mit allen Nachbarländern, selbst mit dem fernen Ägypten. Seine Flotte beherrschte das östliche Mittelmeer uneingeschränkt. Um so erstaunlicher ist es, daß vor etwa 3500 Jahren das mächtige Minoerreich innerhalb kurzer Zeit unterging, und mit ihm seine hohe Kultur. Das Volk zerstreute sich, nachdem die Hafenstädte zerstört und die Paläste zerfallen waren. Nur in der Sage vom Minotaurus, dem schrecklichen, menschenfressenden Stier, der im labyrinthischen Palast des Königs Minos lebte, blieb eine schwache Erinnerung an jene Zeit durch die Jahrtausende lebendig.
Um 1900 entdeckte der englische Archäologe Sir Arthur Evans die Reste der großartigen Palastanlage von Knossos nahe der kretischen Nordküste. In 30 Ausgrabungsjahren legte er an den sanft abfallenden Hängen eines Hügels Säulenhallen und Heiligtümer, Wandelgänge, Balkone, Treppen und Lichthöfe, Vorratslager und Badeanlagen mit vorbildlicher Wasserversorgung und Kanalisation frei. Ein wahres Weltwunder breitete er vor der staunenden Menschheit aus und zog damit den Schleier des Vergessens zurück, der sich jahrtausendelang über die minoische Kultur gebreitet hatte. Doch mit der Entdeckung stellten sich viele neue Fragen. War Knossos ein Palastbezirk oder eine Priester- und Totenstadt? Bis heute weiß man nicht mit Sicherheit, welche Rolle die Anlage wirklich spielte. Rätselhaft blieb auch der Untergang des mächtigen Reiches, denn nirgends fand man die Spuren bewaffneter Auseinandersetzungen mit einem Eroberer. Es liegt nahe, daß man nach anderen Ursachen für den Niedergang suchte: Seuchen, Hungersnöte, Naturkatastrophen, sogar den Ausbruch des Thera-Vulkans.
Doch was weiß man heute über diesen Ausbruch? Kam das Ende der runden Vulkaninsel Strongyle mit einer ungeheuren Explosion, die mit einem Schlag den Berg in die Luft sprengte und ein Riesenloch zurückließ, das heute vom Meer ausgefüllt ist, oder muß man sich die Ereignisse anders vorstellen? Für die erste Überlegung spricht eigentlich nichts, denn wäre es so gewesen, dann müßte man heute im Bims, der die Inseln bedeckt, auch die Trümmer des alten Vulkanbergs finden. Der Bims ist aber erstaunlich rein und besteht fast ausschließlich aus frisch ausgeworfenem Lockermaterial. Dabei handelte es sich um riesige Mengen. Man schätzt die gesamte Bimsmasse auf etwa 60 Kubikkilometer. Das ist so unvorstellbar viel, daß es auch wenig hilft, sich einen Bimsblock von 1 Kilometer Höhe, 1 Kilometer Breite und 60 Kilometer Länge zu denken. Vielleicht wird das Ganze anschaulicher, wenn man sich vorstellt, daß diese Bimsmenge den Bodensee 130 Meter hoch bedecken würde.
Seit Menschengedenken gab es im europäischen Raum kein Naturer-

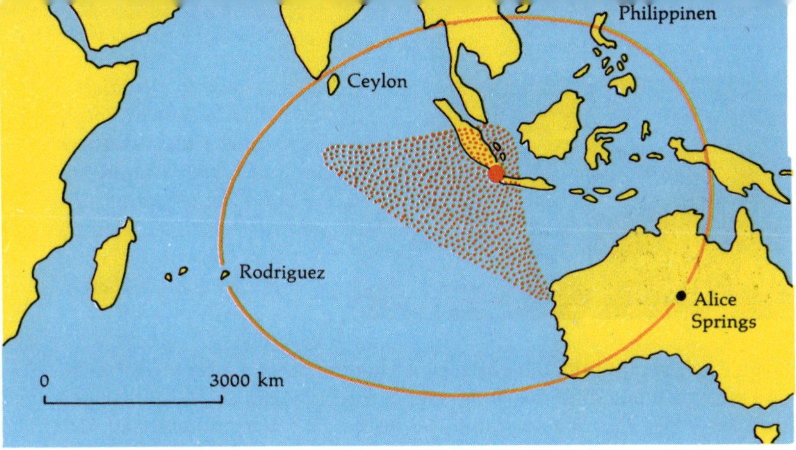

Der Ausbruch des Krakatao war bis Alice Springs und Rodriguez zu hören. Schwimmender Bims wurde im rot getüpfelten Gebiet beobachtet.

eignis mehr, das sich mit dieser Katastrophe hätte messen können. Am ehesten vergleichbar ist der Ausbruch des Krakatao, eines Vulkans in der Sundastraße zwischen Sumatra und Java, gegen Ende des letzten Jahrhunderts. Seine Eruption scheint sogar in vielen Einzelheiten dem Ereignis von Thera zu entsprechen. Deshalb hier eine Schilderung des Krakataoausbruchs:

Am 27. August 1883 brachen nach 200jähriger Ruhe drei benachbarte Krater des Krakatao-Vulkans gleichzeitig aus. Die Detonationen hörte man im 3500 Kilometer entfernten Alice Springs in Zentralaustralien und selbst auf der Insel Rodriguez im Indischen Ozean in einer Entfernung von 4800 Kilometer. Die Kapitäne der Schiffe, die zufällig in der Nähe des Krakatao lagen, berichteten, daß eine Eruptionswolke aus vulkanischem Lockermaterial und Dampf bis 25 Kilometer hoch gestiegen sei. Feinste Aschenteilchen wurden sogar bis 80 Kilometer hoch in die Stratosphäre hinaufgetragen. Eine Stunde nach dem Ausbruch lag das 160 Kilometer entfernte Djakarta in völliger Finsternis. 4 Tage später verdunkelte sich im japanischen Yokohama die Sonne. Jahre nachher noch waren die Sonnenuntergänge in Europa blutrot, weil Staub vom Krakatao in der Luft lag.

Im Umkreis von 50 Kilometer um den Vulkan regnete es Bimsstein. Auf dem Meer bildeten sich schwimmende Bimsinseln. Vulkanischer Staub senkte sich auf die Nachbarinseln ringsum.

Das grausige Ende für 36 000 Menschen kam, als das 800 Meter hohe

Der schwarze Obsidian ist ein vulkanisches Glas, der weiße Bims erstarrter vulkanischer Schaum. Wenn man Obsidian auf über 1000° C erhitzt, werden Gase frei, die ihn zu Bims aufblähen.

Dach des Vulkans über der entleerten Magmakammer zusammenbrach, und ein Seebeben eine riesige Flutwelle auslöste. Bis zu 36 Meter hoch war die Front der Wasserwand, die an den Küsten entlangraste, den Wald, die Pflanzungen, die Dörfer zerschlug und auf ihrem Weg zurück ins Meer alles mit sich fortriß. In 88 Kilometer Entfernung, am Vlakke-Hoek-Leuchtfeuer, war die Flutwelle immer noch 15 Meter hoch. Selbst an der Küste Ceylons kam sie noch mit einer Höhe von 2 bis 5 Meter an.

Man kann die Energie eines Vulkanausbruchs einigermaßen berechnen, wenn man die bewegten Gesteins- und Wassermassen zugrunde legt. Für den Krakatao kam man auf eine Ausbruchsenergie von 200 Billionen Kilowattstunden. Das entspricht der Energie von 400 Wasserstoffbomben. Ganz ähnlich wie den Krakatao-Ausbruch muß man sich wohl auch die vulkanische Katastrophe von Thera vorstellen. Nur, der Einsturzkessel der Mittelmeerinsel ist viermal größer als der des Krakatao, auch die Bimsablagerungen auf Santorin sind unvergleichlich mächtiger. Alles spricht also dafür, daß der Thera-Ausbruch erheblich stärker war als der des Krakatao.

Wahrscheinlich bahnte sich die Katastrophe von Thera mit einer Serie von Erdbeben an. Dafür sprechen die Zerstörungen in Alt-Akrotiri. Dann kam ein erster, gewaltiger Bimswurf, der die unterste, rötliche Bimslage brachte. Vielleicht war dann eine Weile Ruhe, bis erneut, diesmal aber nur kleinere, Bimsausbrüche folgten. Zum Schluß der ganzen Serie entwickelte sich ein riesiger Ausbruch, der schließlich die alte Insel völlig vernichtete. Vielleicht räumte eine Explosion den verstopften Schlot und leitete damit die ungeheure Bimsentladung ein. Wenn eine Sprudelflasche schlagartig geöffnet wird, tritt unter der plötzlichen Druckentlastung das im Wasser gelöste Gas aus und bildet überall gleichzeitig Bläschen. Der Flascheninhalt verwandelt sich in Schaum und reißt einen großen Teil der Flüssigkeit mit dem Gas zusammen durch den Flaschenhals nach außen.

Im rot getüpfelten Gebiet wurde Bims des großen Thera-Ausbruchs gefunden.

Wenn ein Vulkanschlot schlagartig geöffnet wird, spielt sich im heißen Magma etwas ganz Entsprechendes ab. Gasblasen bilden sich! Das glutflüssige Gestein, in dem die Gase unter Druck gelöst waren, schäumt auf. Wenn das Magma sehr dünnflüssig ist, können die Gasblasen entweichen. Wenn es aber viel Kieselsäure enthält, wie die Bimslava von Santorin, und dadurch ziemlich zäh ist, bleibt ein großer Teil der Gasblasen im Glutfluß gefangen. Dann entsteht Lavaschaum, eben Bims. Unter dem Druck der Gasmassen wird der zähe Gesteinsschaum aus dem Schlot geblasen. Er zerspritzt zu Fetzen, Krümeln und Staub und erstarrt rasch.

In einem mehr oder weniger großen Umkreis vom Krater regnet es dann Bims. Die Ausdehnung der Bimswürfe des Thera-Vulkans kennt man ziemlich genau, seit nach dem Zweiten Weltkrieg Forschungsschiffe das östliche Mittelmeer untersucht haben und viele Bohrkerne aus dem Tiefseeboden heraufholten. Die Karte auf dieser Seite zeigt die Verbreitung des Thera-Bims auf dem Meeresboden im östlichen Mittelmeer.

Soweit leuchtet alles ganz gut ein, nur fällt es schwer, sich vorzustellen, wie lange der Ausbruch auch bei großem Schlot und starker Förderung gedauert haben muß, bis eine Decke von 60 Meter Bims zusammenkam: Jahre! Dagegen spricht vieles, vor allem die gleichförmige Zusammensetzung des Materials, denn man kann sich einfach nicht vorstellen, daß Bims über lange Zeit mit solcher Gleichmäßigkeit gefördert wurde.

Wie aber ist der Widerspruch zu klären? Zunächst steht man vor einem Rätsel, jedoch gibt es einen Ausbruchstyp, der unter anderem auch für

Luftaufnahme von Thera mit der steilen Kraterwand links und dem flachen Abfall rechts

die gewaltigen Bimsvorkommen in der Mitte der neuseeländischen Nordinsel verantwortlich ist, er kommt allerdings nur bei explosiven Vulkanen vor: der Glutwolkenausbruch! Solche Glutwolken können in verhältnismäßig kurzer Zeit ungeheure Bimsmengen liefern. Sie entstehen, wenn die Gasmassen den Glutfluß im Schlot völlig in kleine Bimssplitter und Bimstropfen zerlegen, die, zusammen mit einigen größeren Brocken, in den gespannten, heißen Gasen regelrecht schwimmen. Dieses glutheiße Gemisch, das nun plötzlich im Gegensatz zur zähflüssigen, sauren Lava äußerst beweglich ist, quillt rasch und in großen Mengen aus dem Krater. Weil aber nun die mit flüssigen und festen Lavateilchen beladene Wolke sehr schwer ist, flutet sie wie eine Staublawine hangabwärts, breitet sich aus und lädt ihren glühenden Inhalt ab.
Das Ende des gewaltigen Ausbruchs kündigte sich an: Der Magmaherd war durch den Materialverlust völlig erschöpft. Das Dach des Vulkans verlor seine Stütze und sackte in sich zusammen. Wo einst ein 1000 Meter hoher oder vielleicht noch höherer Vulkanberg mit einer Reihe von Schloten lag, dehnt sich heute die Binnensee der Santoringruppe. Das nördliche Becken ist über 400 Meter tief, das südliche Becken bringt es im Westen auch auf über 300 Meter Meerestiefe. Die Wände des Einbruchkessels steigen noch einmal 250 Meter hoch über den Meeresspiegel auf. 11 Kilometer von Nord nach Süd und 7 Kilometer von West nach Ost mißt der Einsturzkrater. 83 Quadratkilometer beträgt seine Fläche. Beim Krakatao sind es im Vergleich dazu »nur« 22 Quadratkilometer.
Strongyle, die »Wohlgerundete«, gab es nach dem Ausbruch nicht mehr. Ihre Reste bedeckte das Leichentuch aus Bims. Aber auch für die

Inselwelt ringsum muß der Thera-Ausbruch katastrophale Folgen gehabt haben. Zwar gibt es keine schriftlichen Aufzeichnungen über die verheerende Eruption, aber die geologischen Zeugnisse, die man auf Santorin, den Inseln ringsum und auf dem Meeresboden gefunden hat, sprechen für sich.
Natürlich wird mancher Zweifel laut, denn die Deutung der Spuren beansprucht das menschliche Vorstellungsvermögen über das normale Maß hinaus. Trotzdem seien die Gedankengänge vorgetragen:
Eingeschwemmten Bims von Thera fand man auf der 28 Kilometer östlich gelegenen Insel Anaphi, 1650 Meter von der Küste entfernt, in 250 Meter Höhe. War es eine Flutwelle, die den Bims dorthin beförderte? Es fällt schwer, andere Kräfte dafür verantwortlich zu machen. Auch an der Küste Israels, nördlich von Tel Aviv, entdeckte man 5 Meter über dem Meer Bimsstein aus dem großen Ausbruch von Santorin. Offenbar hat jene Flutwelle das ganze Mittelmeer durchmessen und sich selbst an ent-

Die Steilwand von Thera mit wechsellagernden Lava- und Aschenschichten

fernten Küsten noch ausgetobt. Vernichtend war allem Anschein nach ihre Wirkung auf die Nordküste von Kreta. Auch dort fand Spyridon Marinatos bei Grabungen im Trümmerfeld von Amnisos, der Hafenstadt des alten Knossos, Bimsablagerungen vom Thera-Vulkan. Große Steinquader lagen daneben, wie von Riesenhand aus ihrer ursprünglichen Lage herausgerissen.
Nach Ansicht der Archäologen wurden Amnisos und andere minoische Siedlungen, auch eine Reihe prächtiger Paläste und Landsitze, im 15. Jahrhundert v.Chr. zerstört. Danach erholten sie sich nicht mehr. Auch Alt-Akrotiri, die minoische Siedlung auf Thera, wurde im 15. Jahrhundert v. Chr. verschüttet. Das legen nicht nur die archäologischen Befunde nahe, sondern mit ausreichender Sicherheit auch die Ergebnisse der physikalischen Altersbestimmung von Holzstückchen, die man unter dem untersten Bims fand. Aus dem Verhältnis des radioaktiven Kohlenstoffs C_{14} zum normalen Kohlenstoff C_{12} kann man das Alter von Holz, Leder, Knochen und anderem organischen Material recht genau feststellen. Je älter nämlich ein Holzstück ist, um so geringer ist sein Anteil an radioaktivem Kohlenstoff, weil dieser im Lauf der Zeit zerfällt. Für den Thera-Ausbruch kam man auf ein Alter von 1450 Jahren v. Chr. mit einer möglichen Abweichung von 100 Jahren hin oder her. Wenn auch die Altersbestimmung der Archäologen und der Physiker nicht ganz exakt ist, so fällt es doch schwer, den Ausbruch des Thera-Vulkans und den Untergang der minoischen Städte nicht in einen engeren Zusammenhang zu bringen. Nach allem, was vom Krakatao bekannt ist, kann an den verheerenden Folgen einer vulkanischen Katastrophe dieser Größenordnung nicht gezweifelt werden.
Mindestens 10 Zentimeter hoch dürfte die Asche Kretas Felder und Wiesen bedeckt haben, und das wahrscheinlich im Sommer, wo kein Regen dafür sorgte, daß die Aschenlagen fortgespült wurden. Woher man das weiß? Die Dicke und die Ausdehnung der Ascheablagerungen auf dem Meeresgrund wurden durch das amerikanische Bohrschiff

Die Entwicklung von Thera. Oben: Die ziemlich runde Insel zeichnet sich durch eine Reihe von Kratern aus. Der Berg rechts im Bild, heute Prophitis Elias genannt, ist kein Vulkan, sondern ein Rest der alten Landmasse. Mitte: Nach dem katastrophalen Ausbruch, ungefähr 1450 v. Chr., war die Magma-Kammer so erschöpft, daß das Vulkandach nachsackte. Ein Einbruchskessel, eine Caldera, entstand. Die vulkanische Kraft von Santorin war damit nicht erschöpft. Unten: Erneut entwickelte sich aus der Tiefe der Caldera ein Zentralvulkan mit einer Reihe von Kratern.

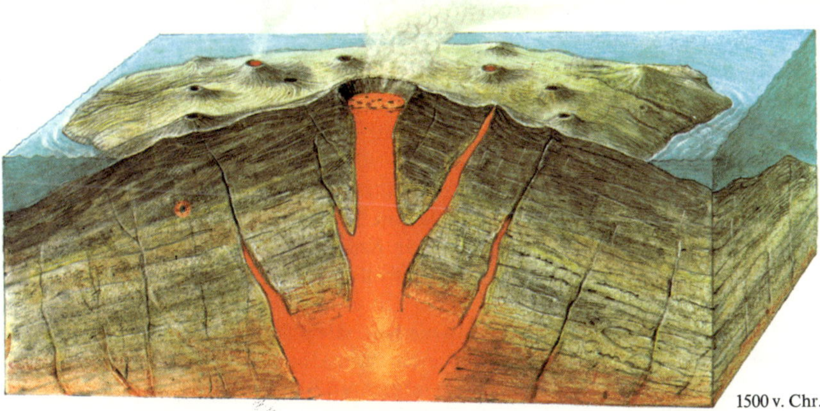

1500 v. Chr.

1400 v. Chr.

1939 n. Chr.

»Glomar Challenger« bekannt. Ein schlankes Oval erstreckt sich von Nordwesten nach Südosten. Diese Windrichtung herrscht im Sommer im östlichen Mittelmeer vor. Auch heute noch!
Zur Asche kam die Flutwelle. Kein Volk hätte sie schlimmer treffen können als die Minoer, deren Stärke ganz und gar von der Flotte abhing und deren wichtigste Siedlungen fast durchweg am Meer lagen. Erstaunlicherweise blieb der Palastbezirk von Knossos fast unbeschädigt. Das liegt vielleicht daran, daß sich die Flutwelle an einer vorgelagerten Insel brach. Auch in den Sagen der Griechen entdeckt man bei genauerem Hinschauen manchen Hinweis auf die Katastrophe. Da wird von Deukalion berichtet, dem Sohn des Titanen Prometheus und einer Titanentochter, die Zeus durch eine Flut vernichten will. Deukalion wird von seinem Vater gewarnt. Er baut ein Schiff und überlebt die verheerende Flut, die ganz Hellas, alle seine Inseln und alle Küsten bis Sizilien heimsucht. Von Poseidon wird berichtet, dem Meeresgott, dem Erderschütterer, der einen Stier aus dem Meer, den schrecklichen Minotaurus, zu König Minos nach Kreta schickt. Großes Unheil bringt dieses Meeresungeheuer über das Land. Auch der alte Bericht von der sagenhaften Insel Atlantis und ihren reichen und kunstfertigen Bewohnern legt einen Zusammenhang mit dem Thera-Ausbruch nahe, vor allem ihr Untergang, von dem es heißt:
»Doch später ereigneten sich gewaltige Erdbeben und Flutkatastrophen, in einem einzigen Tag und einer einzigen Nacht voller Schrekken . . . verschwand . . . Atlantis in der Tiefe des Meeres.«
Sicher ist vieles am Atlantis-Bericht frei erfunden, manches aus anderen Ereignissen und Erzählungen hinzugenommen. Merkwürdig ist es aber dennoch, daß so vieles in dieser Sage mit dem Schicksal des alten Kreta übereinstimmt: Eine große Insel fern im Westen wird erwähnt. Das ist von Ägypten aus gesehen viel eher Kreta, als eine Insel im Atlantik oder gar in der Nordsee. Da wird von Häfen mit einem Gewimmel von Schiffen berichtet, von Stieren im Heiligtum des Poseidon. Das alles trifft am ehesten auf das Reich der Minoer zu, die für ihren Stierkult berühmt und berüchtigt waren.
Daß Thera selbst Atlantis war, ist ziemlich unwahrscheinlich, auch wenn der Athener Seismologe Galanopoulos, ein hervorragender Kenner der Insel, diesen Gedanken in Erwägung zieht. J. V. Luce und andere schließen: Als Zentrum eines großen Staates, als kultureller Mittelpunkt, war Thera auch vor der Zerstörung zu klein. Wenn man schon Minoer- und Atlanterreich gleichsetzt, dann muß auch die reiche Mutterinsel Kreta das alte Atlantis gewesen sein.
Doch nicht nur mit dem Untergang der minoisch-atlantischen Kultur

bringt man den Santorin-Ausbruch in Verbindung. J. G. Bennet sieht Zusammenhänge mit den ägyptischen Plagen, von denen uns die Bibel berichtet.

I. Velikovsky weist vor allem auf die Ereignisse beim Durchzug der Kinder Israels durch das Schilfmeer hin. Auch wenn man sehr skeptisch ist, so lassen sich doch Parallelen aufzeigen, die verblüffend sind. Auch ein zeitlicher Zusammenhang ist nicht auszuschließen, denn neuere Untersuchungen, vor allem von Professor P. Bratsiotis, kommen zum Ergebnis, daß der Auszug der Kinder Israels zur Zeit des Pharao Amenophis II. um 1450 v. Chr. stattfand.

Es soll nun bei aller Skepsis der Versuch unternommen werden, den biblischen Bericht aus dem 2. Buch Mose und die Ereignisse des Thera-Ausbruchs aufeinander zu beziehen:

1. Plage: Das Wasser im Nil wird in Blut verwandelt. Die Fische sterben. Das Wasser verdirbt. Grundwasser wird gegraben. Im ganzen Ägyptenland ist Blut.

Erklärungsversuch: Rötlicher Bimsstaub aus der ersten Phase der Eruption wurde nach Ägypten getragen. Er färbte das Wasser. Der Bimsstaub verdarb das Wasser.

2. Plage: Frösche steigen aus dem Nil und dringen in die Häuser der Ägypter.

Erklärungsversuch: Der Bimsstaub und die löslichen Bestandteile der Asche brachten die Frösche dazu, das Wasser zu verlassen. Man kann sich auch denken, daß die natürlichen Feinde der Frösche, vor allem die Vögel, aus der Gefahrenzone nach Süden abgewandert waren.

3. Plage: Stechmücken treten auf.

Erklärungsversuch: Nachdem auch viele Fische und Frösche durch den Aschenfall umgekommen waren, vermehrten sich die Stechmücken im warmen Wasser ungehemmt. Dazu kommt, daß der Ausbruch wahrscheinlich im Sommer erfolgte, zu dieser Zeit war früher das ägyptische Tiefland zum größten Teil überschwemmt. Damit boten sich für eine Massenvermehrung von Stechmücken ideale Voraussetzungen.

4. Plage: Stechfliegen treten auf.

Erklärungsversuch: Die Verminderung der natürlichen Feinde führte auch bei anderen Schadinsekten zu ungewöhnlicher Zunahme.

5. Plage: Eine Viehpest tritt auf. Pferde, Esel, Kamele, Rinder und Schafe sterben.

Erklärungsversuch: Der Aschenfall selbst, das verdorbene Trinkwasser, aber auch die Zunahme krankheitsübertragender Insekten kann dafür verantwortlich sein. Der Begriff »Pest« sollte nicht wörtlich genommen werden.

6. Plage: Ansteckende Krankheiten treten auf.
Erklärungsversuch: Ob mit bösen Blattern Pocken gemeint sind, ist schwer zu sagen, daß aber als Folge der Massenvermehrung blutsaugender Insekten und des Viehsterbens neue Seuchen auftreten, ist verständlich.
7. Plage: Schwere Gewitterstürme bringen Wolkenbrüche und Hagel.
Erklärungsversuch: Die vulkanischen Staubpartikel führen in großer Höhe zur Bildung von Eiskristallen und Eiskörnchen, die ihrerseits wiederum Hagel und Gewitter verursachen. Als Begleiterscheinung vulkanischer Ereignisse ist dies keineswegs ungewöhnlich. Für das subtropische und trockene Ägypten aber kommt ein solches Ereignis einer Gottesstrafe gleich.
8. Plage: Heuschrecken fressen kahl, was der Hagel übriggelassen hat.
Erklärungsversuch: Ein direkter Zusammenhang mit den anderen Ereignissen ist nicht von vornherein gegeben. Man kann sich aber denken, daß auch die Heuschreckenschwärme durch den Aschenfall zur Wanderung gezwungen wurden und sich am Ende auf alles übriggebliebene Grün stürzten.
9. Plage: Eine dicke Finsternis breitet sich drei Tage lang in ganz Ägyptenland aus.
Erklärungsversuch: Bemerkenswert ist, daß in der Bibel von »dicker« Finsternis gesprochen wird. Ein Zusammenhang mit vulkanischem Staub liegt nahe. Es kann sich um eine Auswirkung des letzten großen Bimsausbruches gehandelt haben.
10. Plage: Die Erstgeburt aller Menschen und aller Haustiere wird getötet.
Erklärungsversuch: Ob diese Heimsuchung der Ägypter mit den vulkanischen Ereignissen noch in Zusammenhang gebracht werden kann, ist fraglich. Man könnte sich natürlich vorstellen, daß Kinder und Jungtiere besonders hart von den Folgen der Ereignisse betroffen wurden. Die besondere Bedeutung, die man im Orient der Erstgeburt zumißt, läßt es für uns verständlich werden, daß man besonders ihren Tod betrauert. »Als die Israeliten unter der Führung von Mose endlich auswandern durften, zog der HERR vor ihnen her, am Tage in einer Wolkensäule und bei Nacht in einer Feuersäule.«
Selbst über diese Bibelstelle kann man im Zusammenhang mit dem Santorinausbruch nachdenken:
Daß die höchsten, in der Stratosphäre aufsteigenden Ascheteilchen der Eruptionswolke hoch über dem heutigen Israel zur Wolkenbildung geführt haben könnten, ist zumindest nicht auszuschließen, denn die Verteilung der Aschenablagerungen im Meer hat einen langgezogenen ei-

förmigen Umriß, dessen Spitze auf die Küste Palästinas weist. Wer etwas Mut hat, kann die Feuersäule mit leuchtenden Nachtwolken erklären, wie sie in der hohen Stratosphäre auch nach dem Ausbruch des Krakatao zu beobachten waren.

Bleibt als letztes Ereignis in dieser Reihe noch der wunderbare Durchzug der flüchtenden Israeliten durch das Schilfmeer, von dem man nach neueren Untersuchungen annimmt, daß es sich um eine Lagune in der Nähe des heutigen Ortes El Aresch handelte. Bei Mose 2 liest man: »Als nun Mose seine Hand über das Meer reckte, ließ es der HERR zurückweichen durch einen starken Ostwind die ganze Nacht und machte das Meer trocken und die Wasser teilten sich und die Kinder Israels gingen hinein mitten ins Meer auf dem Trockenen und das Wasser war ihnen eine Mauer zur Rechten und zur Linken. Und die Ägypter folgten und gingen hinein ihnen nach . . . und das Wasser kam wieder und bedeckte Wagen und Männer und das ganze Heer des Pharao, das ihnen nachgefolgt war ins Meer, so daß nicht einer von ihnen übrigblieb.«

Ob sich die Ereignisse so kurz hintereinander und an ein und derselben Stelle in genau der beschriebenen Weise entwickelten, läßt sich heute kaum mehr feststellen. Darauf kommt es letzen Endes auch nicht an. Interessanter und wichtiger ist es, daß die Wirkungsweise einer Flutwelle, gleichviel, ob sie nun von Seebeben oder Vulkanausbrüchen ausgelöst wurde, völlig zutreffend beschrieben wurde. Bevor sich nämlich die Wellenfront der Küste nähert, zieht sich das Wasser vom Strand zurück. Je höher die Welle ist, um so mehr. Erst danach brandet die gewaltige Woge gegen den Strand, erhebt sich, bildet eine haushohe Wand, bricht mit zerstörender Wucht über die Küste herein und reißt schließlich beim Rückzug ins Meer alles mit sich fort.

Nea Kaimeni in Tätigkeit (September 1939)

Wenn es auch denkbar ist, daß die israelitischen Priester nicht in jeder Einzelheit dem genauen Ablauf der Ereignisse folgten, so darf man doch annehmen, daß ihnen viel daran gelegen war, das Wirken Gottes, so wie sie es sahen, möglichst unverfälscht festzuhalten. Der Ablauf der Geschehnisse in Ägypten ergibt in der Tat ein Bild, das den Ereignissen am Thera-Vulkan entsprechen könnte. Ob die Flutwelle nun die Folge eines einbrechenden Vulkandaches war oder ob ein Seebeben einerseits eine Flutwelle auslöste und andererseits das Dach zum Einsturz brachte, ist ziemlich unerheblich. Auffallend ist nur, daß in der Bibel und auf Thera die Reihe der ungewöhnlichen Geschehnisse damit ein Ende hat.
Das weitere Schicksal von Santorin sei in kurzen Zügen vollends dargestellt: Die Ruhe im Krater dauerte sehr lange; erst 197 v. Chr., also nach mehr als 1000 Jahren, erhob sich wieder ein neuer Vulkan aus der Mitte der Binnensee, das heutige Palea Kaimeni, das »Alte Feuerland«. Ein heftiger Ausbruch ereignete sich 726 n. Chr., 1750 tauchte eine zweite Insel, Mikra Kaimeni, das »Kleine Feuerland«, auf, 1704 entstand in 4jähriger Ausbruchstätigkeit die 80 Meter hohe Nea Kaimeni, das »Neue Feuerland«. Dann war wieder Ruhe, bis im Jahre 1866 an der Südostseite von Nea Kaimeni zähflüssiges Magma wie ein großer Walrücken aus dem Meer auftauchte und eine Staukuppe von 126 Meter Höhe bildete. 1925 verschweißte ein großer Lavaerguß Nea Kaimeni mit Mikra Kaimeni. Neue Ausbrüche, die 1926 endeten, hinterließen eine Reihe kleiner Explosionskrater und Kratereinstürze, die man heute noch sehen kann. 1938 meldete sich der Vulkan wieder und noch einmal 1941. Zuletzt erhob sich die weiße Wolke vom Frühjahr 1950 bis zum Februar 1951 über der schwarzen Kraterinsel.
Auf den breiten Packsesseln der Mulis und Esel sitzen die modernen Eroberer, mehr Sancho Pansa und Don Quichotte, als stolze Ritter. An zahllosen Lava- und Aschenlagen führt ihr Weg vorbei. Auf der Skala, der berühmten Reittreppe von Santorin, klettern die geduldigen Tiere in Serpentinen nach oben, vorbei an den Zeugnissen vergangener Vulkantätigkeit bis hinauf an die Kante der Inselsichel. Dort hält der Zug. Der Blick schweift hinüber zur Gegeninsel Therasia, zur kleinen, bimsgekrönten Aspronisi, bleibt im Schachtelwerk der blendend weißen Häuser, der Terrassen und Vorgärten hängen und steigt endlich hinauf zu den Kuppeln und Glocken der Kirchen, die im goldenen Abendlicht glühen. Heiter und unbefangen, und doch auch ernst und streng zugleich, das ist Phira, die kühne, weiße Stadt am Kraterrand. Am Wege liegen die Trümmer eines älteren, noch schöneren Phira. Alle, die es kannten, rühmen es wie einen morgenländischen Traum.
Doch das Ende kam schnell: Am 9. Juli 1956 wurde die alte Stadt in 45

Sekunden von einem Erdbeben zu Tode geschüttelt. 2000 Häuser brachen in sich zusammen. Juwelen handwerklicher Baukunst, für immer verloren. 200 Verwundete waren zu beklagen und 48 Tote.
Auf die Zerstörung folgte der Aufbau mit neuen, technisch besseren Mitteln. An die Stelle der althergebrachten Mörtelbauweise trat Stahlbeton, und das zu Recht, denn das einzige Gebäude, das die Erdstöße von 1956 überstand, war das moderne, aus Stahlbeton gebaute Hotel »Atlantis«.
Zerstörung und Aufbau, Vernichtung und immer wieder neues Leben. Wann wird auf Santorin die Ruhe einkehren? Kein Mensch weiß es, und im täglichen Leben denkt auch keiner daran. Die Sonne strahlt, das Blau des Himmels und der See leuchtet. Freut euch des Lebens! Und doch, die Schatten lassen sich nicht wegwischen. Es ist kein Zufall, daß es auf dieser Insel so viele Kirchen gibt, daß die Menschen von Thera zwar gelassen, aber gläubig sind.

Die »Reittreppe« von Phira, die berühmte Skala, führt vom Hafen herauf zur Stadt.

Maoridorf im Geysirland Whakarewarewa –

Land des heißen Wassers, Takiwa-Waiariki, nennen die Leute des Arawastammes das Gebiet rings um den Rotoruasee im Nordosten der Nordinsel von Neuseeland. Klangvoll und bildreich ist die Sprache der Maoris, die zum großen polynesischen Volk gehören, das vor etwa 6600 Jahren die zahllosen Inseln in der Mitte des Pazifik besiedelte und mit seinen Kanus bis nach Hawaii im Norden, der Osterinsel im Osten und Neuseeland im Süden vorstieß. Im 14. Jahrhundert erreichte eine größere Einwandererwelle die Nordinsel Neuseelands. Der Sage nach landeten 5 große Kanus, Tainui, Te Arawa, Takitimu, Mataatua und Aotea genannt, in der Nordostbucht, der heutigen Bay of Plenty.
Die Leute vom Arawa-Kanu zogen in das zentrale Hochland. Dort lernten sie eine neue, fremde Welt kennen, die sich mit nichts vergleichen

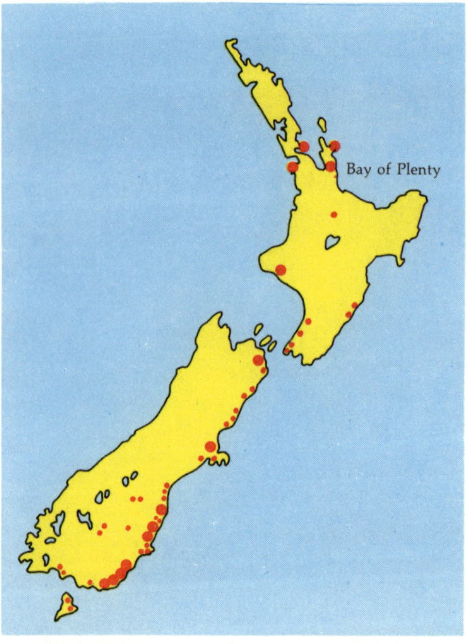

Bevor die Maoris Neuseeland in der Bay of Plenty erreichten, lebten dort schon die ebenfalls polynesischen Moa-Jäger von der Jagd auf den fluguntüchtigen Riesenstrauß. Die roten Punkte kennzeichnen ihre Rastplätze.

Links: James Cook betrat 1769 als erster Europäer Neuseeland. Oben: Der flugunfähige Kiwi, das Wappentier Neuseelands, und die »Endeavour«, das Schiff James Cooks, schmücken Münzen des Landes.

ließ, was ihnen aus ihrer tropischen Inselheimat bekannt war: hohe, schneebedeckte Berge, an deren Gipfel Feuer zuckte und Rauch aufstieg, fischreiche Seen und geheimnisvolle Bäche mit warmem Wasser, die von geisterhaft dampfenden, heißen Quellen gespeist wurden.
Wie die Heimat aller Götter und Dämonen muß die Landschaft den Maoris vorgekommen sein. Wie anders sollten sie die wallenden Dämpfe, das Gurgeln und dumpfe Brodeln der warmen Quellen, die röhrenden, heulenden Geysire, die zischenden Dampfspalten und die tobenden Schlammtöpfe sonst auch verstehen? Und doch hielten sie sich bei allem Respekt vor den ungewohnten Naturerscheinungen nicht fern von ihnen, sondern bauten ihre Hütten auf dem warmen, geheizten Boden, badeten in den dampfenden Teichen, kochten ihr Essen in der siedenden Hitze der Erde. Man kann sich gut vorstellen, daß die Polynesier, die aus tropischen Gefilden kamen, froh waren über diese Gabe der Götter.
Über 4 Jahrhunderte konnten die Maoris ihre eigene Kultur weiterentwickeln, vor allem auch ihre hervorragenden handwerklichen Fertigkeiten. Friedlich verlief ihr Leben allerdings nicht, denn die einzelnen Stämme lagen sich fast ständig in den Haaren.
Ob die Maoris das erste europäische Segelschiff, das unter der Küste von Neuseeland kreuzte, bemerkten, weiß man nicht. Abel Tasman, der holländische Seefahrer, entdeckte zwar die Inseln, landete aber nicht. Capitän Cook, der große englische Entdeckungsreisende, ging 1769 an Land. Er brachte nicht nur Bilder von den Maoris und ihren befestigten Bergdörfern, der Pflanzen- und Tierwelt Neuseelands mit nach Hause, sondern auch die ersten Karten der beiden Inseln mit der Meerenge, die heute seinen Namen trägt.

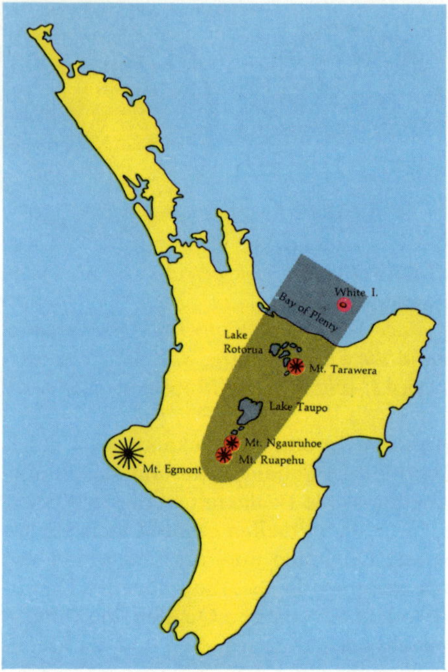

Rechts: Springender Geysir bei Whakarewarewa

Links: Eine aktive Vulkanzone erstreckt sich bis in die Mitte der neuseeländischen Nordinsel.

1840 kam Neuseeland unter die englische Krone. Damit setzte auch die planmäßige Besiedlung durch Weiße ein. Kämpfe zwischen den alteingesessenen Maoris und den Neuankömmlingen waren anfangs die Regel. Erst vor 100 Jahren wurden die Feindseligkeiten beendet. Heute leben die beiden Rassen friedlich und völlig gleichberechtigt miteinander.

Es gibt etwa 200 000 Maoris in Neuseeland, das entspricht einem Bevölkerungsanteil von 8 Prozent. Kein Beruf, in dem die intelligenten und geschickten Maoris nicht Fuß gefaßt haben.Trotzdem versuchen sie, ihre alten Bräuche zu erhalten und ziehen meist das unbeschwertere Leben in kleineren Siedlungen der Hetze in der Großstadt vor.

Wo sich heute Rotorua, der aufstrebende Kurort am Südufer des runden Rotoruasees dehnt, war noch vor wenigen Jahrzehnten offenes Land. Nur zwei kleine Maoridörfer gab es damals im Bereich der heißen Quellen. Auch die weißen Siedler nützten von Anfang an das heiße Wasser aus. Viele Häuser werden damit geheizt. Kaum eines der zahlreichen

Am Ende seiner Eruption bringt der Geysir den heißesten Dampf.

Rechts: Blick auf Rotorua mit dem See
Rechts unten: Die Zeiten ändern sich. Nun gibt es auch Maori-Figuren mit Hut.

Hotels und Motels in der Stadt ist ohne ein eigenes Thermalschwimmbad. Das ist wunderschön, solange die gastlichen Häuser den nötigen Abstand zu den großen, natürlichen Heißwasserquellen am Waldrand bei Whakarewarewa halten.
In Whakarewarewa wird die alte Zeit lebendig. Dort, am Südrand der Stadt, am Ufer des warmen Puarengaflusses, stehen die Häuser der Maoris auch heute noch zwischen den dampfenden Quellen. Eine Brücke führt über den Fluß nach Whakarewarewa. Selbst im August, mitten im Südwinter, ist der Tag warm. Die braunhäutigen Maori-Jungen, die auf der Brücke stehen, springen in den warmen Fluß hinab, tauchen nach Geldstücken, liebenswürdig, lachend, mit offensichtlichem Vergnügen und ohne irgend jemanden auf die Nerven zu gehen.
Ein Fußweg führt zwischen den Häusern hindurch, an vielen rot gestrichenen Holzfiguren vorbei, die zwischen den wallenden Dampfschwaden, die aus vielen Löchern und Spalten aufsteigen, gespenstisches Leben bekommen. Dämonen sind es, kriegerische Geister mit gebleckten Zähnen und aufgerissenen, weißen Augen. Die Gesichter sind tätowiert, so wie es einst bei den Maoris Sitte war. Viele tragen eine Holzkeule, schneiden scheußliche Fratzen und hängen die Zunge bis zum Hals aus dem Maul.
Auch die tapferen Krieger vom »Dorf des Kriegstanzes« – nichts anderes heißt nämlich Whakarewarewa – haben einst ihre Feinde mit Tanz und schrillen Schreien zu erschrecken und einzuschüchtern versucht und ganz sicher sich selbst auch ein wenig Mut gemacht, wenn sie furchterregende Grimassen schnitten und den überlegenen Feuerwaffen die Zunge herausstreckten. Vielleicht lief einst den Maoris vor der Schlacht auch das Wasser im Munde zusammen, denn Kostverächter waren die alten Menschenfresser nicht.
Heute ist Whakarewarewa denkbar friedlich. Viele seiner Bewohner leben vom wachsenden Fremdenverkehr, denn hinter den letzten Häusern

Links: Der Rotoiti-See. Rechts: Kein Naturwunder ohne touristische Attraktionen!

beginnt das Geysirland. Auf einem Spaltensystem am Südrand des vulkanischen Kessels von Rotorua steigt erhitztes Wasser auf. Kein vulkanisches Wasser, das aus seinen Elementen in großer Tiefe entsteht, sondern eben erhitztes Grundwasser. Ein wenig Kohlensäure jedoch und Schwefelwasserstoff, auch Spuren anderer Gase, liefert der schlafende Vulkan in der Tiefe dazu. Ein fader Geruch nach faulen Eiern liegt über der ganzen Stadt. Autobesitzer können ein Lied davon singen; es dauert nämlich nur ein paar Tage, bis sich die blitzenden Metallteile der Wagen mit einer stumpfen Sulfidschicht überziehen. Selbst goldene Eheringe erröten in der Schwefelluft.

Auf dem weißen Kieselsinter, den die heißen Quellen ablagern, bildet der gelbe Schwefel zierliche Muster. Heiße, überkochende Quelltöpfe mit dicken Rändern, Schlammtümpel mit quellenden Blasen und fauchende Geysire, die, wie der Pohutu, ihr Wasser bis zu 30 Meter hoch schleudern, gibt es im Geysirland. Eine Stunde und länger schießt das

kochendheiße, dampfende Wasser aus der Geysirröhre, heult und donnert, stampft wie ein D-Zug, rauscht wie ein Wasserfall. Über einen Buckel aus feingeripptem Sinter rinnt die heiße Flut zum Fluß hinunter. Ein zweiter Geysir, nur wenige Meter entfernt, beginnt zu husten, ein dritter schleudert seine Wassergarben hoch. Jeder pulsiert im eigenen Rhythmus. Als ein dampfendes Wasserspiel springen sie um die Wette und schießen baumstammdicke Strahlen in den Himmel.
Die Heißwasservorkommen im Vulkanhochland beschränken sich aber keinesfalls auf die Schwächezone bei Whakarewarewa. Am Ostufer des Rotoruasees liegt das Heißwassergebiet Tikitere, von den Engländern Hell's Gate, Tor zur Hölle, genannt.
Südlich vom See liegt das Vulkangebiet des Tarawera. An den Ausläufern des 1100 Meter hohen Vulkanbergs, am Ufer des Rotomahanasees, lagen einst die schönsten Sinterterrassen der Welt.
Der Ausbruch des Tarawera-Vulkans am 10. Juni 1886 machte dieser Schönheit mit einem Schlag ein Ende. Erdbeben erschütterten das Gebiet. In einer gewaltigen Eruption riß der Rücken des Berges mit einer 10 Kilometer langen Spalte auf und spie Feuer und Asche. Der Rotomahanasee verwandelte sich in ein Inferno aus explodierendem Dampf und Schlamm. Zwei Maoridörfer versanken mit allen Einwohnern in der Schlammflut. Unter dem Steinhagel und den zusammenbrechenden Häusern kamen in Wairoa 16 Menschen um.
Auch in den darauffolgenden Jahren gab die Erde keine Ruhe. Schwere Dampfexplosionen sprengten eine Reihe von Kratern aus, die sich später mit Wasser füllten.
Berühmt geworden ist vor allem ein Krater mit dem Namen Waimangu, das heißt Schwarzes Wasser. Auch heute noch wird er von vielen Touristen besucht. Um 1900 enstand mit dem Waimangu der größte Geysir, der je auf der Erde beobachtet wurde. 300 bis 400 Meter hoch schleuderte jede Eruption dieses Riesen Dampf, kochendes Wasser, Schlamm und Steine. Stundenlang erhob sich die donnernde Fontäne des schwarzen Wassers, bis sie schließlich in sich zusammensank, um nach 30 Stunden erneut aufzubrechen. 4 Jahre lang dauerte das Spiel. Heute liegt an der Stelle des größten Geysirs der Welt ein dampfender See.
Auch die anderen Explosionskrater, die in den Jahren danach entstanden, sind zur Zeit ruhig. Nur der Wind treibt flatternde Dampffahnen über das warme Wasser in den Sprengkesseln. Wärmeliebende Algen und Tiere haben sich eingestellt. Ein Bild des Friedens ringsum. Doch Frieden und Sicherheit sind schillernde Begriffe in einem Vulkanland, wie es die Mitte der neuseeländischen Nordinsel darstellt. Zu oft haben in den vergangenen Jahrtausenden schwere Ausbrüche das ganze Ge-

biet verheert. Vor 800 Jahren noch waren die Schlackenkegel tätig, die heute mitten in der Weltstadt Auckland liegen.
Jeder Straßeneinschnitt im Vulkanhochland schneidet junge vulkanische Ablagerungen an, die mehrere hundert Meter mächtig sein können. Glutwolken setzten sie ab. Ignimbrit nannte der neuseeländische Geologe Professor G. Marshall dieses feuergeborene, bimsreiche, tuffartige Gestein. Schmelztuff wird es zu deutsch genannt. Verdächtig rund sind auch die Umrisse vieler Seen. Selbst die größten, Rotoruasee und Tauposee, sind vulkanisch entstandene Einbruchskessel, Folge schwerer Ausbrüche. Das weiß man in Neuseeland genau, doch man kann eben nicht ein Leben lang zittern vor dem, was vielleicht noch kommen könnte.
Der Rotomahanasee und die anderen Dampfkrater liegen durchweg auf dem verlängerten Spaltensystem des Tarawera. Zum Rainbow Mountain, dem Regenbogenberg weiter im Süden setzt sich das System fort. Auch das Geysirfeld von Waiotapu steht noch in Verbindung damit. In

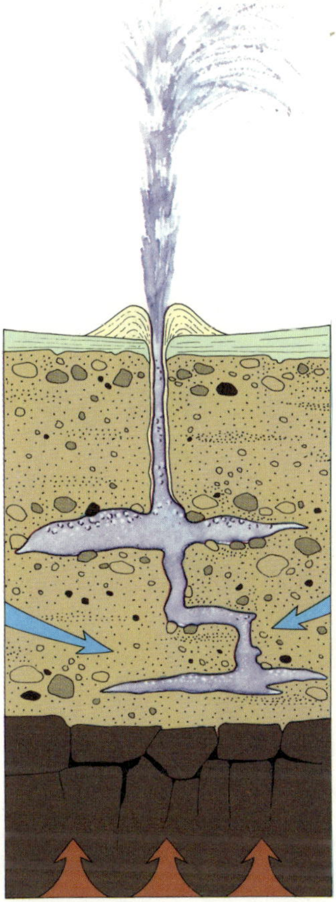

Links und oben: Schwefelkristalle säumen die Dampfaustritte. Rechts: Schematischer Schnitt durch einen Geysir

Waiotapu gibt es kochende Seen, weiße Sinterflächen, tiefe Sprengkessel mit heißen Dampflöchern, an denen bizarre Schwefelkristalle entstehen.

Ein braver Geysir, der jeden Morgen mit Seife zum Leben erweckt wird, liegt in der Nähe in einem stillen Waldtal, der »Lady Knox Geyser«. Der liebenswürdige Fremdenführer erklärt den aufmerksamen Zuhörern, was er mit dem Naturwunder vorhat. In einem Eimer hat er Seifenflokken mitgebracht, die er in die Spritzdüse des Geysirs schüttet:

»Seife verringert die inneren Bindungskräfte des Wassers, und, wenn die Seifenlauge tief genug in die Röhre gesickert ist, dann . . .!«

Mit einem langen Stab rührt der Meister der Lady im Geysirschacht und

Unten: Pohutu-Geysir während eines Ausbruchs
Rechts unten: Im zähen Schlamm bildet der Dampf dicke Blasen.

verteilt die Seife. Nach wenigen Minuten beginnt Lady Knox mäßig zu schäumen. Das sieht sich der Meister eine Weile mit an, dann legt er einen mitgebrachten Rupfensack auf die Öffnung und stopft ihn mit seinem Stab in den Kanal hinunter, um die Seife am Überschäumen zu hindern. Die Touristenschar zieht sich zur Beobachtung auf den Talrand zurück und wartet. Kameras beginnen zu surren, Belichtungszeiten werden ausgetauscht. Ein dumpfer Knall! Mit der hochschießenden Fontäne fliegt der Rupfensack durch die Luft: »Lady Knox is erupted!«

Ein silbriger Wasserstrahl, wie aus einem dicken Feuerwehrschlauch, steht eine halbe Stunde 10 bis 15 Meter hoch über dem weißen Sinterhydranten.

Lady Knox zischt, faucht und heult, wie es sich für einen Geysir ihrer Größe gehört. Im Sonnenlicht glitzert das springende Wasser. Ein Regenbogen steht zwischen den Tannen. Die Polaroid-Kameras klicken. Die Statisten werden naß, denn der Wind hat sich gedreht. Doch das Vergnügen ist allgemein.

Nach einer halben Stunde sinkt der Strahl mehr und mehr in sich zusammen, wird immer heißer und geht schließlich in reinen Dampf über. Diese Schlußphase vollzieht sich schon weitgehend unter Ausschluß der Öffentlichkeit, denn die Touristen sind weitergezogen zum nächsten Naturwunder, und die gibt es im Vulkanhochland in Hülle und Fülle.

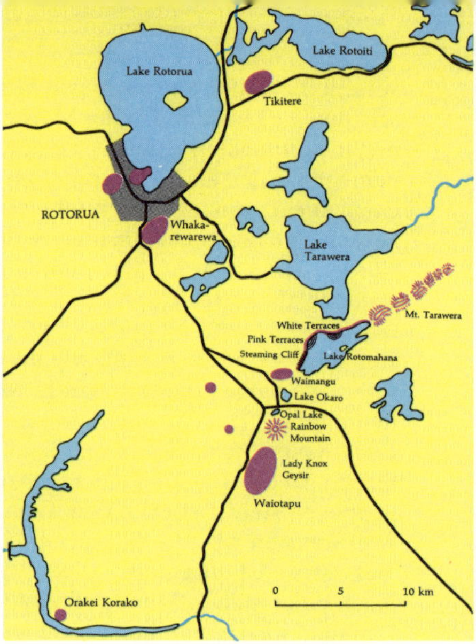

Links: Im Tal von Wairakei wird ein großes unterirdisches Dampflager für ein Kraftwerk angezapft.
Rechts: Vulkane und Heißwassergebiete im Umkreis von Rotorua

Seit 1952 treibt man bei Wairakei stählerne Röhren 200 bis 1400 Meter tief in den vulkanischen Untergrund. Bis zu 266 Grad Celsius heiß ist es dort unten. Der überhitzte Dampf dringt zusammen mit heißem Wasser durch schmale Schlitze in die Röhren ein. Unter hohem Druck steigt er auf. Natürlicherweise dichtet eine Tonschicht wie ein Deckel das Dampflager ab, genauer gesagt, den Dampf in den Poren der vulkanischen Trümmergesteine und Schmelztuffe. Wie durch ein Ventil kann er durch die Bohrungen nach oben entweichen. Der gewonnene Hochdruckdampf wird in einer besonderen Anlage, die über jedem Bohrloch steht, vom heißen Wasser getrennt und zu den Hochleistungsturbinen im Kraftwerk am Waikatofluß geleitet. Das heiße Wasser, das zusammen mit dem Dampf aus den Bohrlöchern quillt, verwandelt sich bei der schlagartigen Druckentlastung unter höllischem Lärm zu Dampf. Eigene Geräuschdämpfer werden deshalb um jedes Ventil gebaut, um wenigstens den schlimmsten Krach zu dämpfen.
Obwohl das Kraftwerk von Wairakei erst seit 1958 arbeitet, liefert es inzwischen 200 Millionen Watt.

Pamukkale – Türkisches Tropfsteinschloß

Diese Tropfsteinpracht liegt nicht im Schoß der Erde. Selbst in der größten Höhle der Welt hätte sie keinen Platz. Die weißen Tropfsteinwände leuchten im hellen Licht der Sonne! Über die Talniederung des Çürüksu Çay steigen die strahlenden Sinterkalkmauern von Pamukkale (gesprochen Pamuk-kaleh) mit ausladenden Vorsprüngen und dicken Bastionen bis zu 200 Meter hoch auf. Hinter der Mauerkrone entwickelt sich eine sanft ansteigende Hochterrasse. Hinter ihr erheben sich die graugrünen Hänge der Çökelez-Berge.
Der beherrschende Berg der ganzen Landschaft aber liegt auf der anderen Seite des weiten Tals. Er heißt Honaz Dagı (gesprochen Onass dah) und ist ein 2571 Meter hoher, massiver Vulkan. Bis in das späte Frühjahr hinein trägt seine Spitze eine Schneehaube. Zu Füßen des Berges liegt die Stadt Denizli. Pamukkale und Honaz Dagı haben auf den ersten Blick wenig miteinander zu tun. Sie bestehen aus denkbar unterschiedlichem Gestein und haben eine grundverschiedene Entwicklungsgeschichte, zudem sind sie durch die weite Flußniederung auch räumlich weit voneinander getrennt. Und doch gibt es eine gemeinsame Ursache

In der Westlichen Türkei, nahe bei Denizli, liegt Pamukkale.

für die Entstehung der äußerlich so verschiedenen Landschaftselemente: Entlang der tiefgreifenden Bruchsysteme, die Kleinasien im wesentlichen von West nach Ost durchziehen, entwickelten sich zahlreiche Vulkane, Dampfaustritte und heiße Quellen. Der Honaz Dagı und Pamukkale liegen auf solchen Bruchstrukturen.
Während der Vulkan seit Menschengedenken schweigt, sprudeln die heißen Quellen von Pamukkale, so lange man weiß, ununterbrochen. Mit einer Temperatur von 35 bis 38 Grad Celsius drängen sie auf der Hochfläche des Plateaus in 4 großen Quellen ans Tageslicht. In jeder Sekunde schütten sie zusammen durchschnittlich 250 Liter Mineralwasser. Das Wasser schmeckt leicht säuerlich und prickelt auf der Zunge wie Sprudel. Seine Wärme ist vulkanischen Ursprungs, ebenso der größte Teil des gelösten Kohlendioxids, vielleicht sogar Spuren des Wassers selbst und ein winziger Anteil der mitgeführten Mineralien. Die weitaus überwiegende Menge der gelösten Stoffe aber stammt aus den Gesteinslagen, durch die das Regenwasser auf seinem Weg bis zur Quelle sickerte. Dabei nahm es Calcium aus dem Kalk, Magnesium aus dem Dolomit, ein wenig Natrium und Kochsalz und Spuren von Eisen und Aluminium auf. Auch Karbonat, Sulfat, Silikat und etwas Chlorid kann man nachweisen. Alles in allem sind 2332 Milligramm, also rund 2,3 Gramm Mineralstoffe in jedem Liter Wasser gelöst. Organische Verunreinigungen, die auf Abwässer schließen lassen, sind nicht einmal in Spuren zu finden.
Den starken Mineralquellen verdankt das Naturwunder der Pamukkale seine Entstehung. Jeder Liter Mineralwasser, der ausströmt, läßt nämlich auf seinem Weg ins Tal einen Teil der gelösten Stoffe liegen. Warum? Das ist eine lange Geschichte, die mit dem Regenwasser beginnt.

Der Regen, der in den Bergen fällt, sickert durch die feinen Klüfte des Gesteins einige 100 Meter tief ein. Dort unten wird das Wasser durch die Ausstrahlung eines noch wesentlich tiefer liegenden, vulkanischen Herdes aufgeheizt. Gleichzeitig nimmt es sehr viel Kohlendioxid auf. Aufmerksame Beobachter werden jetzt allerdings stutzig, denn schon die Alltagserfahrung zeigt, daß sich Gase – und Kohlendioxid ist schließlich ein Gas – in warmem Wasser schlechter lösen als in kaltem. Deshalb stellt man auch Sekt kalt! Denn kalter Sekt schäumt nicht so wie warmer, weil das Kohlendioxid im kalten Sekt brav gelöst bleibt und im warmen Sekt nur unter Druck zu halten ist. Druck! Das ist das Stichwort.
Unter Druck wird das im Regenwasser gelöste und das vulkanisch gelieferte Kohlendioxid sogar vom warmen Wasser aufgenommen. In 300 bis 400 Meter Tiefe herrscht ein Druck von 30 bis 40 Atmosphären. Das

Die Sarkophage der alten römischen Stadt werden vom Sinter eingehüllt. In der Ferne der schneebedeckte Honaz Dagı.

reicht aus, um viel Kohlendioxid im Wasser unterzubringen. Nun ist aber Kohlendioxid ein ganz besonderes Gas, das sich im Wasser nicht nur löst wie Sauerstoff oder Stickstoff, sondern mit ihm eine Säure bildet, die Kohlensäure. Bei der hohen Wassertemperatur ist diese Säure vor allem dem Kalk gegenüber sehr angriffslustig und löst ihn, das Calciumkarbonat, als Calciumhydrogenkarbonat auf. Daß sich daneben auch etwas Gips und Kochsalz ohne chemisches Zutun im warmen Wasser lösen, sei nur am Rande vermerkt.
Auf dem Weg nach oben kühlt sich das Thermalwasser zwar ein wenig ab, aber nicht so stark, daß das gelöste Kohlendioxid festgehalten wer-

den könnte. Mit etwa 38 Grad steigt das Thermalwasser aus einer Spalte auf, die von Tauchern auf 30 Meter Länge und 5 Meter Tiefe verfolgt wurde. Es bilden sich Bläschen, die dem aufquellenden Wasser vorauseilen und an der Oberfläche zu Tausenden mit feinem Knistern platzen. Jeder Zweig, der ins Wasser hängt, jedes Blatt, die dorischen Säulen im Quellsee und die Haut der Badegäste überziehen sich mit einem schimmernden Pelz aus winzigen Kohlendioxidbläschen!
An der Oberfläche ändert sich das Verhalten der Säure, genauer gesagt, durch das Entweichen des Kohlendioxids geht dem Wasser Säure verloren. Dann braucht es nur noch 20, 30 Meter zu fließen, bis sich der gelöste Kalk auszuscheiden beginnt. Das fängt ganz langsam an und wird rasch stärker. Den Höhepunkt erreicht die Kalkausscheidung an der Hangkante, über die das kalkbeladene Wasser als dünner Film rieselt. Jeder Liter Wasser läßt auf seinem Weg von der Quelle über die Hochfläche und den Abhang der Sinterterrasse etwa 0,8 Gramm Kalk zurück, das sind an jedem Tag rund 6 Kubikmeter Kalk, im Laufe eines Jahres mindestens 2000 Kubikmeter. Wenn man jetzt noch das Gesamtvolumen der Kalksintermassen berechnen würde, könnte man sogar auf das Alter von Pamukkale schließen. Die Terrasse ist etwa 2500 Meter lang und hat eine durchschnittliche Breite von 500 Meter. Bei einer Durch-

Tiefe Erdbebenspalten durchziehen die Hochfläche. Deutlich sieht man, wie sich dort die Schollen der Erdkruste gegeneinander verschoben.

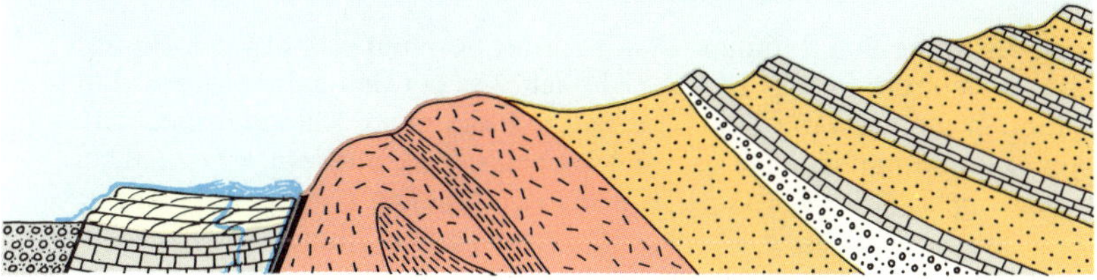

Der Sinterklotz von Pamukkale ist viel jünger als die Berge dahinter.

schnittshöhe von 150 Meter ergibt das einen Rauminhalt von rund 200 Millionen Kubikmeter. Wenn man diese Zahl durch die Jahresleistung der Ablagerung, nämlich 2000 Kubikmeter, teilt, kommt man auf einen Zeitraum von 100 000 Jahren, der nötig war, um den Kalksinterklotz von Pamukkale aufzubauen.

Überlegungen dieser Art haben natürlich ihre Schwächen, und man nennt sie nicht umsonst mit einem bösen Zungenschlag Milchmädchenrechnungen, trotzdem liefern sie einen Anhaltspunkt.

Diesen groben Näherungswert aber zu verbessern, ist außerordentlich schwierig. Man weiß zwar, daß zahlreiche Erdbeben den Sinterklotz immer aufs neue zerrissen, sehr wahrscheinlich beeinflußte dies auch die Schüttung der Quellen. Aber wie? Das läßt sich mit dem besten Willen nicht sagen, denn die Verschiebungen in der Erdkruste können die Spalten weiter öffnen, aber auch verengen. Ganz sicher haben sich auch die Klimaschwankungen der vergangenen Jahrtausende auf die Kalkablagerung ausgewirkt. Es gab Zeiten, in denen es wärmer und trockener war als heute. Wahrscheinlich floß damals weniger Wasser aus den Quellen, dafür verdunstete mehr. Die Kalkablagerung müßte dann ziemlich stark gewesen sein. Davor gab es eine Zeit, in der es erheblich kühler und feuchter war als heute: die letzte Eiszeit nämlich. Mit ziemlicher Sicherheit brachten die Quellen damals viel mehr Wasser. Daß aber auch mehr Kalk abgelagert wurde, ist unwahrscheinlich, dazu war es eben zu kühl und zu feucht! Man kann es wenden, wie man will, zu einem befriedigenden Ergebnis kommt man mit diesen Überlegungen allein nicht, da mußte man sich schon eine bessere Methode einfallen lassen.

Eine Eigenschaft der Kalkablagerungen bietet sich geradezu an, sie zur Altersbestimmung heranzuziehen: An frischen Bruchstellen der Sinterwand sieht man nämlich eine auffällige Bänderung, die nach aller Erfahrung mit dem Wechsel der Jahreszeiten übereinstimmt. Im Winter, wenn das Wasser rasch abkühlt, und deshalb weniger Kohlendioxid entweicht und weniger Wasser verdunstet, wird weniger Kalk abgela-

gert, als im heißen Sommer. Dafür ist der Sommerkalk etwas lockerer als der Winterkalk. Es ist ganz ähnlich wie bei den Jahresringen der Bäume. Man kann mit Hilfe der Sinterbänder einen Kalender machen! Nur, ganz so einfach, wie es auf den ersten Blick aussieht, ist das auch wieder nicht, denn die Bäche, die von den Quellen kommen, fließen ja nicht jahrhundertelang oder gar jahrtausendelang immer an derselben Stelle über die Hangkante. Im Gegenteil! Die Ablagerung von Kalk durch das Wasser bewirkt, daß sich der Lauf der Bäche dauernd ändert, und deshalb bald hier und bald dort die Ablagerungen eines mehr oder weniger langen Zeitraums fehlen. Man müßte also, wenn auch an verschiedenen Plätzen, möglichst viele Jahresschichten heranziehen, um damit einen möglichst kompletten Kalender der Entwicklungsgeschichte Pamukkales zu gewinnen. Allerdings besteht die Gefahr, daß dann manche Seiten des Kalenders doppelt und dreifach aufgenommen werden, und andere ganz fehlen.
Auf diese Schwierigkeit müßte man wohl besonders achten, deshalb wäre es das Beste, den Sinterklotz an möglichst vielen Stellen bis auf den Grund zu durchbohren, um Bohrkerne zu erhalten. Dazu setzt man einen Hohlbohrer ein, der eine unbeschädigte Säule aus allen durchbohrten Schichten, eben den Bohrkern, liefert.
In den Jahresschichten findet man bei näherem Zuschauen pflanzliche und tierische Reste, die in den Kalk eingebettet sind, und mit einigem Glück sogar menschliche Spuren. Noch mehr könnte man mit dem Mikroskop erkennen. Neben Resten von Algen und winzigen Tieren findet man bei derartigen Untersuchungen fast immer Blütenstaubkörner,

Schlägt man ein Stück Sinterkalk ab, so zeigt es eine deutliche Schichtung.
Links: Auch Tropfsteine wachsen nicht gleichförmig, sondern in Abhängigkeit von Wasserzufuhr und Temperatur.

Dorische Säulen liegen im warmen Bad im Motel Pamukkale.

auch Pollen genannt. Das ist erstaunlich, aber die Pollenhaut gehört zu den widerstandsfähigsten Stoffen, die von Lebewesen überhaupt hergestellt werden können. Die Pollen vieler Bäume und Gräser verbreitet der Wind, sie wurden sicher auch auf die Sinterterrasse von Pamukkale geweht und in den abgesetzten Kalk eingebettet. Aus den verschiedenen Pollen kann der Fachmann nicht nur auf bestimmte Pflanzen schließen, sondern darüber hinaus auch auf das Klima, in dem sich diese Pflanzen wohlfühlten. Eine Möglichkeit, über die Entwicklungsgeschichte von Pamukkale mehr und Genaueres zu sagen, als man bisher weiß, läge deshalb ganz sicher in der Auswertung von Bohrkernen.
Die Altersbestimmung der Funde und des Sinterklotzes mit der sonst so bewährten Radiocarbon-Methode würde sich in Pamukkale ziemlich schwierig gestalten, ganz abgesehen davon, daß sie »nur« etwa 50000 Jahre weit zurückreicht. Unter normalen Bedingungen geht man bei dieser Methode davon aus, daß der radioaktive Kohlenstoff C_{14}, der sich vom »normalen« Kohlenstoff C_{12} auch durch ein um zwei Einheiten höheres Atomgewicht unterscheidet, in 5568 Jahren zur Hälfte zerfällt.

Wenn also ein Stück Holz genau halb so viel C_{14} enthält wie frisches Holz, ist es 5568 Jahre alt.
Während der radioaktive Kohlenstoff, den die Pflanzen normalerweise in ihren Stoffwechsel einbauen, eben aus der Luft stammt, und der C_{14}-Gehalt des Luftkohlendioxids bekannt ist, stammt ein beträchtlicher Teil des Kohlendioxids, das die Pflanzen rings um die heißen Quellen von Pamukkale aufnehmen, aus dem kohlensäurehaltigen Wasser, also aus dem vulkanischen Untergrund. C_{14} ist darin nicht enthalten! Bei einer Radiocarbon-Messung würden diese Reste viel älter erscheinen, als sie in Wirklichkeit sind.
Wie lange Menschen die warmen und heilkräftigen Quellen von Pamukkale schon aufsuchen, weiß man nicht genau. Die ältesten Spuren, die man bisher kennt, weisen auf das 2. Jahrtausend v. Chr. hin. Damals bedeckten noch dichte Wälder die Hänge der Berge ringsum. Löwen, Bären, Wölfe und Schakale lebten dort, aber auch Hirsche, Rehe und Bergschafe. Man kann sich gut denken, daß sie vom warmen Quellbezirk das ganze Jahr über angezogen wurden. Nicht zuletzt, weil hier der Boden unmittelbar am Wasser fest und trittsicher war, sondern auch, weil schon damals keine Bäume an den überrieselten Hängen wuchsen, und sie deshalb frei und übersichtlich waren. Auch heutzutage widerstehen nur wenige Gräser, Wolfsmilchstauden, Weiden- und Oleanderbüsche an günstigen Plätzen den lebensfeindlichen Bedingungen der Tropfsteinwelt. Ihre Wurzeln halten die hohe Temperatur und den Kalkgehalt des Wassers aus. Ihre Stengel und Blätter bilden sich rasch genug neu, wenn die alten vom Kalk überkrustet und erdrosselt sind.
Erstaunlich lange hat es gedauert, bis Menschen einen festen Wohnsitz im Bannkreis der dampfenden Quellen und der strahlenden Sintergebirge gründeten. Man kann sich durchaus denken, daß die Eiszeitjäger und die frühen Ackerbauer die warmen Quellen und die bizarre, einmalige Tropfsteinlandschaft als etwas Außergewöhnliches, Geheimnisvolles, ja Göttliches verehrten, das zu stören sie nicht wagten. Erst im 6. Jahrhundert v. Chr. gab es für kurze Zeit eine Lydische Militärkolonie am Rande der Sinterterrassen. Spärliche Reste sind erhalten. Danach wurde es erneut ruhig auf der Hochfläche. Erst lange nach dem Siegeszug Alexanders des Großen durch Vorderasien gründete König Eumenes von Pergamon um 190 v. Chr. auf dem Plateau über der sumpfigen Talniederung eine Stadt. Hierapolis nannte er sie, das heißt »Heilige Stadt«. Offenbar hatten auch die Menschen jener Zeit das Gefühl, hier den Göttern besonders nahe zu sein. Um die warmen Quellen entstanden Tempel, bald wuchs die Stadt weit über den Tempelbezirk hinaus. Handwerker und Kaufleute siedelten sich an. Besonders nach der Auf-

nahme der Region in das römische Reich begann Hierapolis aufzublühen und entwickelte sich bald zu einer der reichsten Städte Kleinasiens. Töpferwaren und Plastiken, vor allem zahlreiche Münzen aus jener Zeit, wurden in großer Zahl gefunden.
Ein verheerendes Erdbeben legte im Jahr 60 n. Chr. – Nero war Kaiser in Rom – Hierapolis in Trümmer. Doch unmittelbar nach der Zerstörung begann der Wiederaufbau, und bald bedeckte eine noch größere, noch prächtigere Tempel-, Bäder- und Handelsstadt die Sinterhochfläche. Breite Straßen durchzogen sie, gesäumt von gedeckten Bogengängen, Warmwasserkanäle führten zu den Häusern, im Zentrum entstanden die gewaltigen Hallen der großen Therme, des öffentlichen Bades. Apollo und seine Mutter Leto wurden an den heiligen Quellen verehrt.Das goldene Alter von Hierapolis lag im 2. und 3. Jahrhundert. Nicht nur von den Bauten für die Lebenden: Bäder, Markthallen, Bibliotheken und Theater zeugen heute noch gewaltige Ruinen, auch eine reiche Nekropolis, eine Totenstadt, liegt im Norden des Plateaus. Nach

Wie eine massige Burg erhebt sich der Sinterklotz von Pamukkale über die Flußniederung.

Diese Tonvase stand einige Wochen im Kalkwasser von Pamukkale, anschließend wurde sie in Salzsäure gestellt. Am Fuß und vom untersten Teil der »geschmackvollen« Metallgirlande ist der Kalk deshalb abgelöst.

dem Sieg des Christentums entstanden große, byzantinische Kirchen in Hierapolis, aber auch sie zerfielen mit dem Niedergang des oströmischen Reiches. Schließlich vertrieben im 14. Jahrhundert die mohammedanischen Seldschuken die letzten Byzantiner. Von der alten Herrlichkeit blieb nur ein großes Trümmerfeld.
Die Seldschuken und nach ihnen die Türken kümmerten sich wenig um die zerfallende Stadt; es gab ja so viele davon. Der Name Hierapolis geriet in Vergessenheit. Die neue Bezeichnung »Pamukkale« trat an seine Stelle. Pamuk heißt Baumwolle oder Watte, Kale so viel wie Schloß – Pamukkale also das Watteschloß; die leichte, weiße, wolkige, über der Niederung schwebende Welt! Kein schlechter Name, wenn man die Naturerscheinung mit ihm beschreiben will.
Das Wasser aus den warmen Quellen floß sicher noch eine Zeitlang in den alten römischen Bewässerungskanälen, bis es sich schließlich seinen Lauf wieder selbst wählte und über die ganze Hochfläche hin- und herpendelte. Ein Fächer von Wasseradern entwickelte sich, die wieder wie einst große Teile des Hanges überrieselten. Schaut man sich den Wasserfilm am Hang einmal genauer an, dann stellt man fest, daß er nicht gleichförmig, sondern in rhythmischen Wellen fließt. Auf dem rauhen Kalkboden wird das strömende Wasser gebremst. Die Wasserschicht darüber rutscht auf der langsamen Unterschicht regelrecht aus. Mit zunehmender Geschwindigkeit erhöht sich aber auch ihre Reibung, und schließlich überstürzt sie sich, eine kleine Wasserwalze bildet sich. Dieser rhythmische Abfluß des Wassers beeinflußt auch die Kalkablagerung.
Der ganze Hang überzieht sich über kurz oder lang mit einem Netzwerk

Am flachen Hang entstehen flache, breite Terrassen.

Rechts: Jede Lamelle, die das Bekken stützt, zeigt einen rhythmischen Aufbau. Selbst sehr gleichmäßig gebaute Terrassen zeigen bei genauerer Betrachtung sogar im Bau der einzelnen Lamellen rhythmische Schwankungen.

aus Strömungsrippeln und Näpfchen. 100 bis 150 solcher fingernagelgroßer Schälchen kommen auf einen Quadratdezimeter. Größere Wasserwalzen überlagern die kleinen. Die feine Rippelstruktur wird von großen Sinterbecken überlagert. Sobald irgendwo die Kalkablagerung verstärkt eingesetzt hat, beschleunigt sich der Prozeß an dieser Stelle, weil eine Schwelle gebildet wurde, die vom Wasser in dünner Schicht überströmt werden muß. Dabei kommt es eben zu verstärkter Verdunstung, zur Kohlendioxidabgabe und damit zur Kalkablagerung.

Ungefähr 20000 größere Sinterbecken gibt es an den Hängen von Pamukkale. Die größten haben eine Fläche von 70 bis 100 Quadratmeter und sind badewannentief. Einige wenige Sinterterrassen haben Außenwände mit mehr als 5 Meter Höhe. Ihre Wasserbecken sind aber auch nicht tiefer als einen halben Meter; in ihnen scheidet sich bröseliger Kalk ab, der sich im Laufe der Zeit verfestigt. Lange Lamellen und Stalaktiten gliedern den äußeren Beckenrand, der meist deutliche Aufbauzonen, Wülste und Einschnürungen aufweist. Auch die Tropfsteinlamellen selbst sind nicht gleichmäßig gewachsen, sondern, je nachdem, wie das Wasser gerade lief, dünner oder dicker, krumm oder gerade, verzweigt oder unverzweigt.

Wenn der Hang sehr steil ist, bilden sich vor allem am oberen Hang ganze Sinterkaskaden. Weiter unten entstehen meist die watteartigen, rundlichen Formen, die Pamukkale seinen heutigen Namen eingetragen haben. Aber auch auf der Hochfläche lagert sich wieder Kalk ab, seit das Wasser aus seinen Kanälen ausgebrochen ist. Die alten Prachtstraßen sind von Kalk überwuchert, vor allem die Nekropole im Norden steckt bis zu 2 Meter im Sinter! Durch die Sarkophage rinnt das warme, kalkbeladene Wasser, umhüllt sie und füllt sie aus und bezieht sie schließlich wie ein Stück gewachsene Natur in die Terrassenlandschaft der Sinterbecken ein. Zerstörung allenthalben! Auf den ersten Blick mag das so aussehen, aber der Kalk umhüllt viel mehr, als er vernichtet, umhüllt und konserviert! Wie ein Schutzpanzer überzieht er die Schätze der Vergangenheit und bewahrt sie vor dem Zugriff Unberufener. Erst in den letzten Jahrzehnten begann man mit der planmäßigen Ausgrabung von Hierapolis, und das zunächst nur tastend. Eine alte Straße ist freigelegt, ein paar Säulen, Türme und Tore sind wieder aufgerichtet. Viel mehr aber, als getan wurde, bleibt noch zu tun. In unseren Tagen wird Pamukkale vom großen Tourismus entdeckt. Seine Entwicklung liegt am Scheideweg. Gelingt es, die zauberhafte Naturlandschaft zu erhalten und, wo sie bereits gestört ist, den alten Zustand wieder herzustellen, dann hat das Tropfsteinschloß die Chance, einer der größten Anziehungspunkte der Türkei zu werden.

Grand Canyon – Größtes Tal der Welt

Grand Canyon Airport! Die sechssitzige Cessna N 3754 C rollt zum Start. William Parker – »My name is Bill!« –, Pilot der Arizona Aviation, wackelt mit dem Kopf, als er die Foto- und Filmausrüstung seiner Passagiere sieht:

»It's too windy for your profession!«

Zugegeben, windstill ist es nicht gerade, aber stürmisch? Die Kronen der Gelbkiefern am Flugplatzrand schütteln sich; Windstärke 5 nach Beaufort: frische Brise! Die Maschine rollt zum Nordrand der Startbahn und schwenkt nach Süden ein. Vollgas! Nach kurzem Anlauf hebt sie ab und zieht schon über dem lichten Kiefern-Wacholder-Wald des Kaibab National Forrest eine Schleife. Die weite Fläche des Coconino-Plateaus senkt sich nach Süden langsam ab. In der Ferne erheben sich ziemlich unvermittelt die jungen vulkanischen San-Francisco-Berge. Sie steigen bis zu 3800 Meter auf.

Der Mittellauf des Colorado River mit dem Schutzgebiet im Bereich des Grand Canyon und Lake Mead.

Blick auf die Steilwand. Oben die Kaibab-Kalke, ein Stück tiefer die senkrechte Wand des Coconino-Sandsteins, darunter rote Tonschichten mit vielen Sandsteinbändern. Die ganze Schichtfolge entstammt der Permzeit.

Rechts: Karte der Flugroute im Canyon (rot)

Der Pilot geht auf Nordkurs und fliegt so niedrig, wie es gerade noch erlaubt ist. Die Kameras beginnen zu surren. Baumwipfel huschen durch das Bild und dazwischen viel roter Boden mit trockenen Sträuchern und Gräsern. Eine Zeitlang folgt die Maschine der Asphaltstraße, auf der ununterbrochen Autos nach Norden streben, überfliegt die Ranger-Station, einen verzweigten Campingplatz, der geschickt in den Wald eingebettet ist, und das Parkhauptquartier, über dem die Flaggen der Vereinigten Staaten und Arizonas flattern. Der Flug ist unruhig, doch der erfahrene Pilot führt Regie. In einer Rechtskurve zieht er seine Cessna hoch, noch einmal flitzen Baumwipfel durchs Bild, dann legt er sie leicht nach links, und wie auf der Drehbühne weicht die gezackte Felsenkante des Coconino-Plateaus zur Seite, stürzt der Blick in die rot leuchtende Tiefe des gewaltigen Canyon. Lange Felsbänder! Terrassen und Treppen! Felsnadeln und Restberge! Schiffe! Tempel! Pyramiden! Der Fantasie ist keine Grenze gesetzt. 1000 Meter tiefer eine graugrüne Ebene, in die eine dunkle Schlucht eingesägt ist. Vom Fluß keine Spur!
Eine Fallbö erfaßt das leichte Sportflugzeug und drückt es in Sekundenschnelle unter die Felskante. Die Passagiere hängen in den Gurten, ihre Kameras knallen gegen das Kabinendach. Bill, der Pilot, meint mit gewinnendem Lächeln:
»It's too windy for your profession, I think so!«
Trotz der Wirbel, die an der Maschine zerren, nimmt er Gas weg und schießt in steilem Gleitflug in das riesige Tal hinein. Die obere Felsmauer weicht zurück, der Hang wird flacher, dünne Schichten zerlegen ihn in zahlreiche waagrechte Stufen. Da, plötzlich ein neuer, jäher Absturz, vielfach gegliedert und gezackt: die Redwall-Kalke. Darunter entwickelt sich am Fuße eines flachen Hangs das graugrüne Tonto-Plateau. Es wird heiß in der Kabine, das Flugzeug bockt und springt im

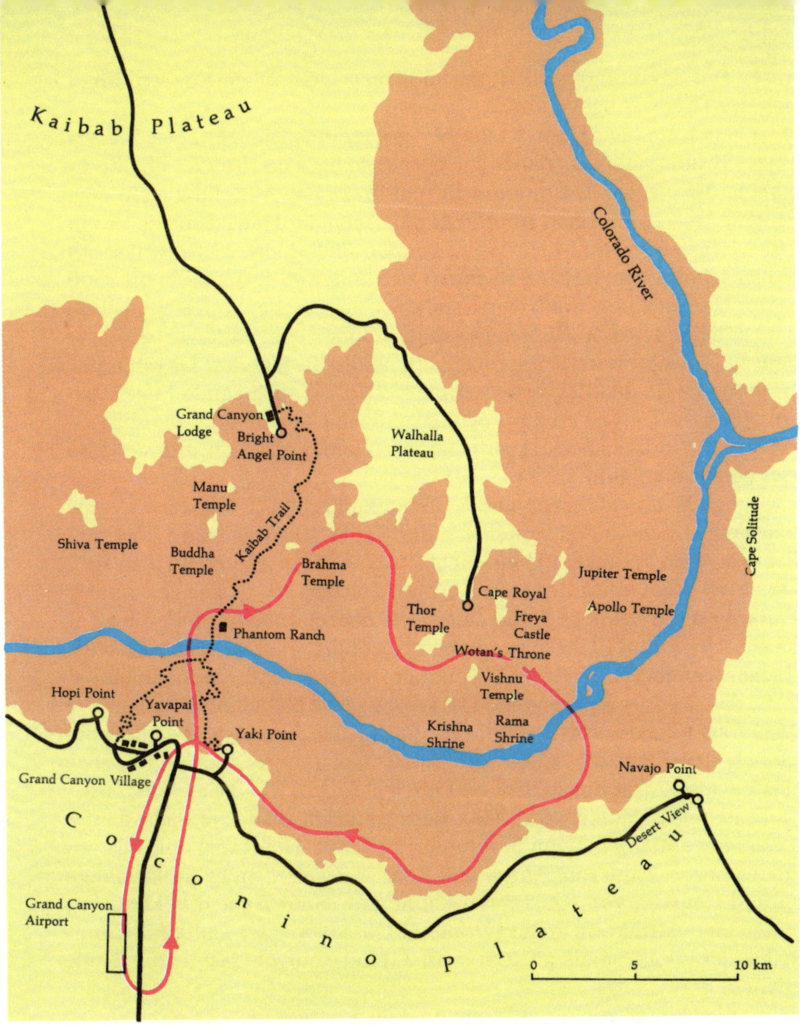

thermischen Aufwind. Da kommt, am Grunde der Schlucht, die den Sandstein des Tonto-Plateaus und den Granit darunter 300 Meter tief einschneidet, der Colorado in Sicht, der große Fluß des amerikanischen Westens! Gelbbraun gefärbt ist er vom mitgeführten Schlamm.

In die innere Schlucht taucht die kleine Cessna ein und jagt zwischen den dunklen Granitwänden knapp 150 Meter über dem Colorado flußauf-

wärts. Ein Saumpfad verläuft am südlichen Ufer. Nach Norden öffnet sich der Bright Angel Canyon.
Dort liegen ein paar Häuser zwischen graugrünen Bäumen. Das Wasser eines Swimmingpools glänzt im Sonnenlicht. Das ist die Phantom-Ranch, die einzige Talstation weit und breit. Die Maschine zieht eine Schleife und geht höher, überfliegt eine schmale Hängebrücke, die in 762 Meter über dem Meer den reißenden Fluß quert, klettert, fast mit Vollgas, höher und höher und nähert sich dem wild zerlappten, bis 2500 Meter hoch aufsteigenden Nordrand des Canyons, der vom Kaibab-Plateau gebildet wird. In Reihen liegen die Zinnen der Ausliegerberge vor dem weit nach Süden vorspringenden Walhalla-Plateau. Devatemple, Brahmatemple und Zoroastertemple ziehen wie springende Pilger vorbei, denn die Luft ist immer noch unruhig im Canyon. Nur, den Filmen kann der Wind nichts mehr anhaben, die Kameras stehen still, wo es so viel zu schauen gibt.
Zwischen Wotan's Throne und Vishnutemple steuert Bill seine Cessna hindurch. Noch einmal weitet sich das Tal in seiner ganzen Ursprünglichkeit. Kein Weg, kein Haus, nichts, was auf Menschen schließen läßt. Der Fluß schäumt in der engen Granitschlucht.
Kurs West. 20 Kilometer weit stehen die oberen Canyonränder auseinander. Über dem 2100 Meter hohen Coconino-Plateau erhebt sich ein flacher Tafelberg, der Cedar Mountain. Letzter Rest eines Schichtpakets, das einst als geschlossene Decke das ganze Hochland überzog. Die Maschine folgt der Aussichtsstraße, die den Südrand 30 Meilen lang begleitet, überfliegt die schönsten Aussichtspunkte, erreicht schließlich das Yavapai-Museum, in dem die Geschichte des Grand Canyons dargestellt ist und erläutert wird, folgt dem Naturlehrpfad, der dicht an der Felskante entlang bis zum berühmten El Tovar-Hotel verläuft. Die unübersehbare Zahl von Autos läßt keinen Zweifel mehr aufkommen: Grand Canyon, vor 100 Jahren kaum dem Namen nach bekannt, ist heute eine Attraktion erster Ordnung! Die Station der Santa Fe-Eisenbahn allerdings spielt als Tor zum Grand Canyon fast keine Rolle mehr.
Über die Häuser von Grand Canyon Village strebt die Cessna nach Süden. Ein paarmal noch erwischt sie die Brise und rüttelt an Mensch und Material. Wie ein Artist setzt Bill seinen Vogel auf die Piste, lächelt verbindlich und redet nicht mehr vom Wetter. An der Baracke der Arizona Aviation nimmt er das Gas weg.
Dankbare, stumme, im Gesicht leicht grünliche Passagiere klettern aus der Maschine.
Don Garzia Lopez de Cardenaz und seine Leute erreichten im Septem-

ber 1540 als erste Weiße den Südrand des Grand Canyons – spanisch müßte er eigentlich Gran Cañon (Große Röhre) heißen.
Als Konquistadoren der Königin Isabella von Spanien waren sie auf der Suche nach Gold, als sie auf der trockenen Hochfläche des Coconino-Plateaus ankamen.
Vom Durst geplagt, sahen sie den Fluß unter sich, aber konnten ihn nicht erreichen. Ein unüberwindbarer Graben setzte dem spanischen Einfluß in Nordamerika eine Grenze. Erst 1776 stand wieder ein Weißer, der spanische Franziskaner Francisco Thomas Garces, am Canyonrand. Die Wildheit der Landschaft erschreckte auch ihn mehr, als daß sie ihn erfreut hätte. Dabei blieb es, trotz tastender Erkundungsversuche, zunächst auch nach der Abtretung des Gebiets durch Mexiko an die Vereinigten Staaten. Erst vor etwa 100 Jahren setzte die systematische Erforschung ein. Der bahnbrechende Pionier war John Wesley Powell. Im Bürgerkrieg hatte er den rechten Arm verloren. 1865 wurde er als Major aus der Armee entlassen. Anschließend studierte er Geologie.
Sein erstes Ziel war, die lange Schluchtstrecke des Colorado, die damals noch auf keiner Karte einigermaßen zutreffend eingezeichnet war, mit dem Boot zu durchfahren. Am 24. Mai 1869 startete er in Green River City, Wyoming, mit 9 Mann auf 4 Booten. Über den Green River erreichten die Männer den Colorado. Drei Monate waren sie auf dem wilden, gefährlichen Fluß unterwegs. Drei der Expeditionsteilnehmer hatten die Nerven nicht, die ständig drohende Gefahr durchzustehen. Sie verließen die Boote und versuchten, durch die Felswände zum Canyonrand zu gelangen. Ausgerechnet sie aber fielen feindseligen Indianern zum Opfer. Nach der erfolgreichen Erstbefahrung der Coloradoschlucht startete Major Powell die zweite Flußfahrt am 22. Mai 1871. Dieses Mal ließ er sich viel Zeit zur geologischen Erkundung und Vermessung. Bei Lees Ferry unterbrach er das Unternehmen im Herbst. Im darauffolgenden Jahr wurden die wissenschaftlichen Arbeiten auf dem zweiten Flußabschnitt fortgesetzt.
Auch heute noch ist eine Fahrt durch die Coloradoschlucht trotz aller technischen Möglichkeiten abenteuerlich. Sie dauert von Lees Ferry, Arizona, bis zum Lake Mead, Kalifornien, 18 Tage; 378 Flußkilometer werden in dieser Zeit durchfahren. An die Stelle der Holzboote sind leichte Neopren-Schlauchboote getreten, von denen man jeweils drei zu einem Floß zusammenzurrt. Diese großen, beweglichen Plattformen bilden zusammen eine Fläche von 6,5 auf 8,5 Meter. Sie reiten gewissermaßen auf den Wellen und überbrücken Wellenberg und Wellental. Trotzdem machen die reißenden Stromschnellen auch die Fahrt auf dem Gummifloß nur zu oft zu einem Tauchererlebnis. Gefürchtet sind vor al-

Bildreihe links: Spanische Ritter erreichten den Canyon als erste Weiße im Jahr 1540 (oben). Major Powell rüstete im Jahr 1869 die Boote für die erste Fahrt durch die gefährliche Schlucht (Mitte). Die Boote von Major Powell in einer Stromschnelle (unten).

lem die Lava Falls, 287 Kilometer von Lees Ferry entfernt. Dort schob sich, vor etwa einer Million Jahre, ein Lavastrom aus einem Seitencanyon in die Hauptschlucht vor und staute den Colorado zu einem See. Im Laufe der Zeit sägte sich der reißende Fluß durch die natürliche Sperrmauer hindurch. Geblieben sind bis heute die donnernden Stromschnellen.

Im Gebiet des 1919 gegründeten Nationalparks kann man jetzt auch aus der Tiefe der Schlucht zum Südrand und zum Nordrand aufsteigen. Die Zahl der Besucher ist seit der Gründung des Parks von 44000 auf über 2 Millionen im Jahr gestiegen. Sicher, die meisten bleiben nur einige Stunden am Canyonrand und reisen weiter zu den anderen Naturwundern, die im trockenen Südwesten der USA am Wegesrand liegen. Erstaunlich viele Leute aber wandern auf dem Canyon Rim Nature Trail, einem Fußweg, der oft hart am Abgrund entlang vom El Tovar-Hotel zum Yavapai Point führt, und tun etwas für ihre naturwissenschaftliche Bildung.
In der Pflanzen- und Tierwelt läßt sich die Anpassung an verschiedene

Klimazonen im Canyon gut erkennen. Auf dem 2500 Meter hoch gelegenen Kaibab-Plateau im Norden wächst ein ziemlich geschlossener Wald von Coloradotannen, Stechfichten und Douglasien, durchsetzt von Laubhölzern und Sträuchern. Auf dem 400 Meter niedrigeren, deshalb auch trockeneren Coconino-Plateau im Süden herrscht der lockere Gelbkiefer-Wacholder-Wald vor. Aromatische Kräuter und Kakteen wachsen dazwischen. Der offene Boden ist vielfach von dunklen Krustenflechten bedeckt. Je tiefer es in den Canyon hinuntergeht, um so mehr ist die Pflanzenwelt an die extreme Trockenheit angepaßt. Zwergeichen, Bergmahagoni und Felsenrose können dichte Gestrüppe bilden. Wo es etwas kühler ist und Spuren von Wasser im Untergrund vorhanden sind, stehen kleine Nester von Ahorn und Douglasie. Yucca und Kakteen halten mit ihrem weitverzweigten Wurzelsystem und ihren hervorragenden Einrichtungen zum Verdunstungsschutz selbst da noch durch, wo alle anderen Pflanzen, bis auf die anspruchslosen Flechten, fehlen.

Im Canyon selbst sind, trotz des vorhandenen Wassers, die Lebensbedingungen ungünstiger als man denkt; die glatten kompakten Granit- und Sandsteinwände bieten wenig Halt für Wurzeln, die Sand- und Kiesbänke werden vom Hochwasser überflutet und umgeschichtet. Für viele Pflanzen sind das unzumutbare Bedingungen. Trotzdem haben Tamarisken, Weiden und Pappeln, Riesenschilf und eine Reihe von Kräutern auch dort Fuß gefaßt.

Die Klimaschranke, die der Canyon quer durch den Westen Nordamerikas legt, wirkt sich in der Pflanzenwelt nicht besonders stark aus, obwohl bei manchen Arten, so bei der Wüstensonnenblume, drei verschiedene Rassen bekannt sind. Die eine lebt nur nördlich, die andere südlich des Canyon und die dritte östlich des Green River. Wahrscheinlich bildeten sie sich heraus, als sie durch das immer tiefer werdende Tal getrennt wurden. Einschneidender als für die Pflanzenwelt wirkte sich die Klimaschranke des Grand Canyons für die kleinen Tiere aus. Die Eichhörnchen, die am Nordrand leben, unterscheiden sich von ihren Vettern am Südrand durch Unterschiede in der Zeichnung. Auch bei den Baumstachlern, den Kaninchen und den Erdhörnchen gibt es im Norden und im Süden verschiedene Unterarten. Diese Entwicklung brauchte natürlich ihre Zeit, sie setzte aber erst voll ein, als sich der Colorado schon ziemlich tief eingeschnitten hatte, vielleicht sogar erst nach der Entstehung der inneren Schlucht. Dafür reicht wahrscheinlich eine Zeitspanne aus, die ungefähr die letzten 100000 Jahre umfaßt.

In den grundverschiedenen Lebensräumen des Grand Canyon-Gebietes kommen auch recht unterschiedliche Tiere vor. Puma und Rotluchs

Das Tonto-Plateau trägt ein verhältnismäßig dichtes Pflanzenkleid. Im Vordergrund Opuntien mit Früchten.

streifen durch große Reviere. Winterliche Schneestürme auf der Hochfläche und Saharahitze in der Tiefe der Schlucht können ihnen nichts anhaben. Kojote und Fuchs finden ihr Auskommen genauso, wie das gefürchtete Stinktier. Kleine Nager, vor allem die Erdhörnchen, aber auch die Baumstachler, werden von ihnen gejagt. Gabelantilope und Dickhornschaf halten sich an die Höhen. Maultierhirsche und noch mehr die zierlichen Arizona-Weißwedelhirsche klettern fast wie Gemsen durch die steilsten, unzugänglichsten Felswände. Unter den Schlangen ist die Seitenwinderklapperschlange am bekanntesten, die sich mit zwei Windungen auf dem heißen Sand abstützt und seitlich davonschiebt. Gefährlich ist das Gilatier, eine giftige Krustenechse. Von den Spinnen und Insekten soll hier nicht die Rede sein, aber hingewiesen sei noch auf die 180 Vogelarten, die es im Gebiet des Nationalparks gibt, vom Kolibri über den Rennkuckuck, der, ohne die Flügel zu benützen, mit bis zu 24 Stundenkilometer Geschwindigkeit seine Beute am Boden jagt, bis zum Steinadler.

Und nun noch einige Bemerkungen zur Entstehungsgeschichte des Grand Canyons: Vor 10 Millionen Jahren gab es weder die Hochfläche des Colorado-Plateaus, noch die große Schlucht. Damals zogen träge Flüsse in weiten Schleifen durch ein Tiefland zum Meer. Schlamm und Sand lagerten sie ab und glichen damit die langsame Senkung der Erdkruste ungefähr aus.

Vor 10 Millionen Jahren – das ist die Meinung der Mehrzahl der Geologen, die sich mit dieser Frage befaßten – begann sich das Gebiet zwischen Großem Salzsee im Norden und Phoenix im Süden langsam zu heben, nicht gleichmäßig, sondern als riesige, flache Kuppel mit einigen Dellen. 2000 bis 3000 Meter machte diese Hebung im Bereich des heutigen Grand Canyons aus.

Man fragt sich natürlich mit Recht, wie es kommt, daß der Colorado nicht um die Aufwölbung herumläuft, sondern sie in seiner tiefen Schlucht durchschneidet. Eine erste Antwort darauf ist ziemlich einfach: Der Fluß war vor der Hebung da, und wie sich eine Säge, unter der ein Balken langsam angehoben wird, mit ihren scharfen Zähnen tiefer und tiefer in das Holz hineinfrißt, schaffte es auch der Colorado, sich mit Hilfe seiner »Sägezähne«, nämlich den Geröllen, fast genauso schnell in den Fels einzuschneiden, wie er sich aus dem Untergrund heraushob. Daß der Fluß sehr zu tun hat, um mit der Hebung fertig zu werden, bemerkt man auch in unseren Tagen an den zahlreichen wilden Stromschnellen, wo der Kampf zwischen Wasser und Fels noch in vollem Gang ist.

Solange der Staudamm im Glen Canyon oberhalb der Einmündung des Little Colorado nicht gebaut war, soll der Fluß bei Hochwasser in der inneren Schlucht bis 30 Meter hoch gestiegen sein. Seit der Stausee die Hochwasserwellen abfängt, sind die Wasserstandsschwankungen wesentlich geringer.

10 Millionen Jahre hat es gedauert, bis das größte Tal der Erde seine heutige Dimension erreichte. 10 Millionen, das ist, gemessen an der Dauer der Erdgeschichte, die sich an den Wänden des Grand Canyons offenbart, nur eine kurze Zeit. Für uns Menschen ist sie unvorstellbar lang. Das Alter der Schichten überfordert vollends jedes menschliche Vorstellungsvermögen. Am ältesten sind die kristallinen Schiefer ganz unten in der Schlucht. 2 Milliarden Jahre ergab die Altersbestimmung nach der Uran-Blei-Methode für den Vishnu-Gneis. Lebensspuren fand man in diesen Gesteinen nicht. Über den kristallinen Schiefern und den jüngeren Granitergüssen liegt ein schräg gestellter Kalkhorizont. Diese Bass-Kalke wurden im Algonikium, das noch zur Urzeit der Erde gehört, gebildet. In ihnen findet man eindeutige Hinweise auf die Tätigkeit von Kalkalgen. Genauso wie die Bass-Kalke liegen auch die Schiefer und die Sandsteine darüber schräg, obwohl sie einst mit Sicherheit waagrecht abgelagert wurden. Bewegungen der Erdkruste haben die Schichtpakete zerbrochen, hochgehoben und in großen Blöcken schräggestellt. Ein Gebirge entstand, das im Laufe der Zeit bis auf kleine Reste abgetragen wurde. Diese Landoberfläche senkte sich erneut bis unter

In der Nähe von Grand Canyon Village steht ein Uran-Bergwerk an der Kante des Canyons. Im Hintergrund die San Francisco-Berge.

den Meeresspiegel. Auf ihr lagerten sich nun nach einer Zeitspanne, die wahrscheinlich 500 Millionen Jahre betrug, wiederum Sand, Ton und Kalk ab. Zwischen der Oberfläche der schräggestellten Schichten und dem darüberliegenden Tapeats-Sandstein fehlen die Belege für einen Zeitraum, der fast so lang war wie die Zeit, die seit der Bildung des Tapeats-Sandsteins bis heute – 600 Millionen Jahre – vergangen ist.
Viele 100 Meter mächtige Ablagerungen von Ton, Sandstein und Kalk folgten im Laufe der Zeit. Der größte Teil lagerte sich in einem Flachmeer ab. Ab und zu hob sich das Gelände auch etwas über den Wasserspiegel. Das kann man beweisen, denn die Meeresablagerungen enthalten Reste von Meerestieren, vor allem Muscheln und Fische. Die Festlandsablagerungen zeichnen sich durch Landpflanzen und Spuren von Kriechtieren aus. Am Ende des Erdaltertums wurden die Kaibab-Kalke vor etwa 230 Millionen Jahren abgelagert. Mit ihnen endet das Profil des Grand Canyons. Jüngere Schichten findet man nur am Cedar Mountain und am Rande der großen Aufwölbung.
Ob man das riesige Tal als einzige Vertiefung der Erdkruste vom Mond aus erkennen kann? Geklärt ist diese Frage durch die Apolloflüge nicht. Sein könnte es nach den Berechnungen des deutschen Geologen Hans Closs durchaus; immerhin ist der Grand Canyon das größte Tal der Erde, das einzige mit den Ausmaßen eines Gebirges.

Göreme – Land der tausend Pyramiden

Nicht im Land der Pharaonen, nicht bei den Mayas und Azteken stehen die tausend Pyramiden. Im Hochland der Türkei, in Kappadokien, liegt dieses Pyramidenland. Die Kräfte der Natur haben es geschaffen, nicht Sklavenheere und Menschenhände. Aus vulkanischem Tuff formten Regen und Wind in Jahrmillionen eine bizarre Mondlandschaft: spitze Säulen und Kegel, Türme, Zuckerhüte und Pyramiden! Übrigens, die Zahl 1000 ist viel zu niedrig gegriffen, 20000 wäre eher richtig!
Wenn im Sommer die Luft über dem heißen Land flimmert, wirkt es abweisend, lebensfeindlich. Unglaublich still ist es dann, nur ein Esel jammert in der Ferne, ein Taubenschwarm erhebt sich mit klatschenden Flügelschlägen über ein Stoppelfeld, am wolkenlosen Himmel ziehen Schmutzgeier ihre Kreise. Selbst der Omnibus, der auf der neuen Asphaltstraße durch das Tal rollt, kann das Gefühl der Leere nicht vertreiben. Um keinen Preis ist man bereit, der Statistik zu glauben, daß ausgerechnet hier mehr Menschen auf dem Quadratkilometer leben sollen als im übrigen Anatolien. Und dennoch, es ist so! Selbst wenn man die Bevölkerung der Städte Kayseri, Ürgüp und Nevsehir abzieht, es

Göreme liegt im Hochland Anatoliens nahe der alten Stadt Kayseri.

Viele der großen Tuffpyramiden sind ausgehöhlt und bewohnt. Im Hintergrund der Vulkan Ercyas Dagı.

bleibt dabei, daß dieses zerklüftete, zerrissene Land den Bauern mehr zu bieten vermag als die weiten Ebenen.
Die Menschen haben sich vor der Hitze des Tages in ihre Häuser zurückgezogen. Viele dieser Häuser sind kaum zu sehen, sie liegen nämlich unter der Erde. Die Wohnräume sind aus dem weichen Tuff herausgearbeitet, nur Türöffnungen und Fensterhöhlen in den Talwänden verraten sie, manchmal auch ein kunstvoll aus dem Tuff herausgemeißeltes Portal. Höhlenwohnungen also! Wer denkt da nicht an Kälte, Feuchtigkeit und Dunkelheit! In Kappadokien ist das ganz anders: da sind diese Höhlen nicht kalt, sondern angenehm kühl, nicht feucht, sondern nur weniger trocken, und nicht schaurig dunkel, sondern eben angenehm dämmrig. Das sind Eigenschaften, die man sich von einer Wohnung in diesem Landstrich nur wünschen kann, abgesehen davon, daß die Höhlenwohnungen im eisigen anatolischen Winter sogar mollig warm sind.

Rechts: In Ürgüp gibt es alle Übergänge von Höhlenwohnungen zu freistehenden Häusern.

Links: Der Regen schlägt den feinen Tuff los und präpariert jeden Stein frei.

Nicht umsonst hat sich diese Art zu wohnen in Kappadokien seit Jahrtausenden bewährt. Ein Vorteil der »Höhlenwohnkultur« sei noch besonders vermerkt: sie verbraucht kaum Siedlungsfläche, die Bauern können unter ihrem Acker wohnen. Fast möchte man sagen: Zur Nachahmung empfohlen!

In der Türkei hat man die Vorteile der Höhlenarchitektur in jüngster Zeit wiederentdeckt; es ist kein Zufall, daß man in den letzten Jahren das exklusive Rock Hotel bei Uçhisar zum größten Teil in einen Tuffhang hineinmodelliert hat. Mit schiefen und runden Wänden, Kuppeln und Bogengängen, Tuffschnitzereien und Plastiken hat man alle Möglichkeiten der Höhlenarchitektur ausgeschöpft. Im Sommer, wenn die meisten Touristen kommen, kann man sich sogar die teure Klimaanlage schenken.

Vom Rock Hotel aus sieht man bei klarer Sicht in der Ferne eine breite, regelmäßig geformte Bergpyramide fast 3000 Meter über das Hochland aufsteigen. Bis in den Sommer hinein trägt der Gipfel dieses Berges Schnee. Ercyas Dagı (gesprochen wie Erdschias Dah) nennen ihn die Türken, Mons Argaeus hieß er bei den Griechen und Römern. Mehr als 30 Kilometer breit ist seine Basis, 3916 Meter erreicht der einsame Gipfel.

Der Ercyas Dagı, der Hasan Dagı im Süden und eine Reihe weiterer Vulkanberge waren in der Tertiärzeit, vor etlichen Millionen Jahren, äußerst aktiv. Aus dieser Zeit stammen die bis zu 500 Meter mächtigen vulkanischen Tuffablagerungen, die eine Fläche von rund 300 Quadratkilometer bedecken. Mit einer breiten Todeszone umgaben sich die feuerspeienden Berge Kappadokiens im Tertiär. Immer und immer wieder

überschütteten sie das Vorland mit vulkanischer Asche und den Ablagerungen heißer Glutwolken. Sie schleuderten gewaltige Bomben aus, die auch heute noch im Tuff stecken. Wie glühende Finger schoben sich Lavaströme in die Aschenlandschaft vor.
Inzwischen scheint der Vulkanismus Mittelanatoliens zur Ruhe gekommen zu sein. Zumindest hält er sich seit Jahrtausenden zurück. Der letzte Berichterstatter, der über vulkanische Erscheinungen am Ercyas berichtete, war der griechische Reiseschriftsteller Strabo. Er lebte in der Zeit um Christi Geburt.
Aus der vulkanischen Asche von einst ist im Lauf der Zeit ein gleichförmiges, feinkörniges, ziemlich weiches, aber keineswegs mürbes Gestein geworden. Man kann es mit dem Taschenmesser bearbeiten und findet in der tonreichen Grundmasse weißen Bims und dunkle Lavastückchen, Feldspatkristalle und Glimmerplättchen. Durch Verwitterung entsteht aus dem Tuff am Ende ein mineralstoffreicher, fruchtbarer Ackerboden. Das ist allerdings erst der Abschluß einer langen Entwicklung, die mit der Ablagerung des vulkanischen Lockermaterials begann.
Jeder Regentropfen, der auf den Tuff fällt, schlägt ein paar Körnchen los und nimmt sie mit. Je weicher und lockerer die Stelle ist, die er trifft, um so größer ist seine Wirkung. Das heißt aber auch, daß jedes Steinchen, von dem die Regentropfen abprallen, regelrecht herausmodelliert wird. Unter ihm bleibt der weichere Tuff erhalten. Eine winzige Erdpyramide mit einem Deckstein bildet sich.
Nach dem gleichen Prinzip sind auch die hohen Hutfelsen entstanden, die in der Nähe der Stadt Ürgüp stehen. Dort decken aber nicht kleine Steinchen, sondern große Lavabrocken den weichen Tuff gegen das Re-

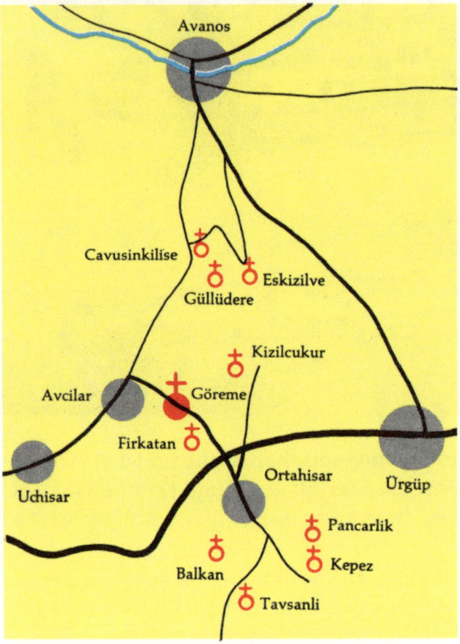

Links: Zwischen Uçhisar, Avanos und Ürgüp liegen die bemerkenswertesten Höhlenkirchen.

Rechts oben: Der Vulkan Ercyas Dagı – im Hintergrund – lieferte das Material, aus dem die Tuffnadeln und ihre Decksteine bestehen.
Rechts unten: Die Tuffpyramiden im Tal von Göreme sind fast durchweg ausgehöhlt. Sie enthalten zum Teil prächtig erhaltene frühchristliche Kirchen.

genwasser ab, und das nicht nur einen Winter lang, sondern über Jahrhunderte und Jahrtausende hinweg. Gar nicht selten bleibt unter einem harten Lavastrom ein ganzer Grat, eine Tuffmauer, erhalten. Je nachdem, wie die Risse durch den Lavazug verlaufen, brechen dann einzelne Blöcke heraus, so daß am Ende eine ganze Reihe von hintereinanderstehenden Hutfelsen übrigbleibt. Je weiter vom Hang entfernt die einzelnen Säulen stehen, desto tiefer liegen die Deckblöcke. Das ist auf den ersten Blick verwunderlich, denn ursprünglich befanden sich alle ungefähr auf derselben Höhe. Doch wenn man sieht, wie ein Teil des Regenwassers um den Block herumläuft und die Unterlage aufweicht, versteht man, daß sich der tonnenschwere Deckblock im Lauf der Jahre Millimeter um Millimeter eindrückt und ganz langsam tiefersackt. Eine ähnliche Wirkung hat auch der winterliche Frost, sobald sich in der Feuchtigkeitszone unter dem Block Eisnadeln bilden. Diese an sich so zerbrechlichen Gebilde schaffen es aber zu Tausenden doch, die Tonnenlast des Blocks um Bruchteile eines Millimeters hochzustemmen, um ihn dann bei Tauwetter langsam ein winziges Stück tiefer zurücksinken zu lassen.

Zur Klause hoch im Fels führt eine ausgehauene Leiter.

Solange der Block im Gleichgewicht bleibt, ändert sich der Zustand der Erdpyramide nur langsam. Sobald er aber abrutscht, geht es mit der schutzlos gewordenen Tuffsäule ziemlich rasch zu Ende. Sie wird abgewaschen und abgetragen, und schließlich erinnert nur noch ein kleiner Höcker daran, daß auch hier einst eine Erdpyramide stand.
In der Morgenfrühe und am späten Nachmittag, sobald die Hitze des Tages gebrochen ist, gehen die Bauern auf ihre Felder in den Tälern. Getreide und Kartoffeln pflanzen sie im tiefgründigen, kalireichen Boden an. In den engen, schattigen Schluchten stehen Obstbäume. Besonders Nüsse und Maulbeeren gedeihen dort prächtig. Wo Wasser zur Verfügung steht, wurden in letzter Zeit große Orangenplantagen angelegt. An den flachen, trockenen Hängen wachsen Reben. Daß es Weinbau in Kappadokien gibt, ist eigentlich verwunderlich, denn nach den strengen Vorschriften des Koran wäre er im rein mohammedanischen Gebiet nicht zu erwarten. Wenn man der Sache nachgeht, entdeckt man auch bald, daß die Ursprünge des Weinbaus auf die Zeit vor der Eroberung Kleinasiens durch die Mohammedaner zurückgehen.
Vom 7. bis in das 13. Jahrhundert lebten christliche Mönche in den Tä-

lern der Tufflandschaft rings um den Ercyas Dagı. Allerdings sieht man nirgends Mauern – die Mönche bauten in den Untergrund, sie höhlten den Tuff aus. Neben geräumigen Klöstern und Kirchen findet man hoch oben in der Steilwand, manchmal sogar in der Spitze einer Tuffnadel, kleine, bescheidene Zellen.
Manche der großen Tufftürme sind ausgehöhlt wie Termitenbauten. In Stockwerken übereinander, durch enge Treppengänge verbunden, liegen Kirchen, Speiseräume und Wohnungen. Nur wenige Luft- oder Gucklöcher durchbrechen die äußere Schale. Man wird den Gedanken nicht los, daß die Mönche und ihre christliche Gemeinde im Untergrund nicht nur vor Wind und Wetter, Hitze und Kälte Schutz suchten, sondern auch vor ihren Feinden. Der Gedanke liegt um so näher, als gerade zu jener Zeit die Araber ihren neuen Glauben mit Feuer und Schwert auszubreiten begannen und auch in Kleinasien einfielen. Wahrscheinlich ist deshalb ein großer Teil der Kirchen und Klöster mit ausgezeichneten Verteidigungsanlagen versehen. Ihre Zugänge sind nämlich oft so versteckt, daß man sie kaum findet; außerdem sind sie so niedrig und eng, daß man gebückt gehen muß und die Körperkraft gar nicht entfalten

Riesige unterirdische Städte entdeckte man in Kappadokien. Mit Rollverschlüssen ließen sich ihre Gangsysteme sperren.

kann. Aus der Wand heraus lasen sich die Gänge durch mühlsteingroße Rolltüren verschließen. Oft sind über oder neben dem Zugang noch Verteidigungsgänge angelegt, aus denen die Mönche und ihre Mitstreiter nach unerwünschten Besuchern schießen und stechen konnten.

Erst in den letzten Jahren wurde man noch auf andere, riesige Hohlraumsysteme im Tuff Kappadokiens aufmerksam. Türkische und deutsche Forschungsgruppen, unter ihnen vor allem Martin Urban und seine Mitarbeiter, entdeckten die größten unterirdischen Fluchtburgen, die Menschen wohl jemals hergestellt haben. Sie sind viel älter als die Felsenkirchen. Vielleicht wurden sie schon 2000 Jahre v. Chr. gegen die Hethiter angelegt und später gegen die raubenden und mordenden Assyrer, die vor allem im 9. Jahrhundert v. Chr. das Hochland heimsuchten, ausgebaut und verstärkt. Auch später war an Eroberern und Plünderern kein Mangel in diesem Land, so daß die Tradition der verborgenen Städte, die man heute mit dem türkischen Begriff dafür Jeralti Schechri nennt, wahrscheinlich ohne Unterbrechung bis in die christliche Zeit reicht.

Bei Avanos gibt es eine Jeralti Schechri, in der, unter einer Oberfläche von etwa 6 Quadratkilometern, 60 000 Menschen leben konnten. Bis zu 100 Meter tiefe Lüftungsschächte versorgen 7 Stockwerke. Meist erreichen diese Schachtanlagen an der tiefsten Stelle das Grundwasser, so daß sie gleichzeitig als Brunnen und als Schnorchel dienen konnten. Wohnräume, Versammlungshallen, Vorratslager, ja sogar Stallungen und Friedhöfe liegen unter dem Boden, um nicht in Zeiten der Gefahr aus dem sicheren Untergrund auftauchen zu müssen. Von Stockwerk zu Stockwerk führen enge, gewundene Gänge, die mit Rollverschlüssen versperrt werden können.

Mehr als 30 solcher Jeralti Schechri wurden bisher in Kappadokien entdeckt, und bestimmt sind es noch lange nicht alle. Zugänglich für Touristen sind inzwischen Kaymakli mit 5 Stockwerken und Deriakuyu, das 8 Stockwerke aufweist. Noch weiß man nicht genau, wer sich im kappadokischen Untergrund verschanzte, ob und wie lange die Fluchtburgen der türkischen Bevölkerung bekannt waren. Noch sind die christlichen Kirchen im Umkreis des Ercyas Dagı kaum gezählt, nur wenige sind wirklich fachmännisch bearbeitet. Kein Wunder in einem Land, dessen Boden so reich an Zeugnissen erdgeschichtlicher und kultureller Entwicklungen ist.

Ayers Rock – Roter Fels im roten Herzen

Frankfurt – Damaskus – Bahrein – Bangkok – Singapur – Sydney! Jede Reise nach Sydney ist eine Reise um die Welt, nur die Route ist schneller geworden: Jumbo-Jets und DC 10 lassen immer mehr Stationen aus. Ein Flug in zwei Sprüngen ist schon denkbar.

Zwei kurze Nächte und ein kurzer Tag; 36 Flugstunden vom Alten zum Neuen Kontinent.

Herrlich! Die große Stadt am Meer, das weite, freie Land. 8 Millionen Quadratkilometer für 12 Millionen Einwohner!

Die Fokker Friendship der ANSETT fliegt in die Nacht, mitten in das Herz Australiens, nach Alice Springs. Rot ist das Herz, der Boden, die Felsen, die Berge. Tot ist es nicht, zumindest nicht für den, der noch bereit ist, dem Leben auch da nachzuspüren, wo es nicht in üppiger Fülle wuchert, für den Geologen stellt sich diese Frage schon gar nicht.

Von Sydney über Adelaide und Alice Springs führt der Flug zum roten Felsen.

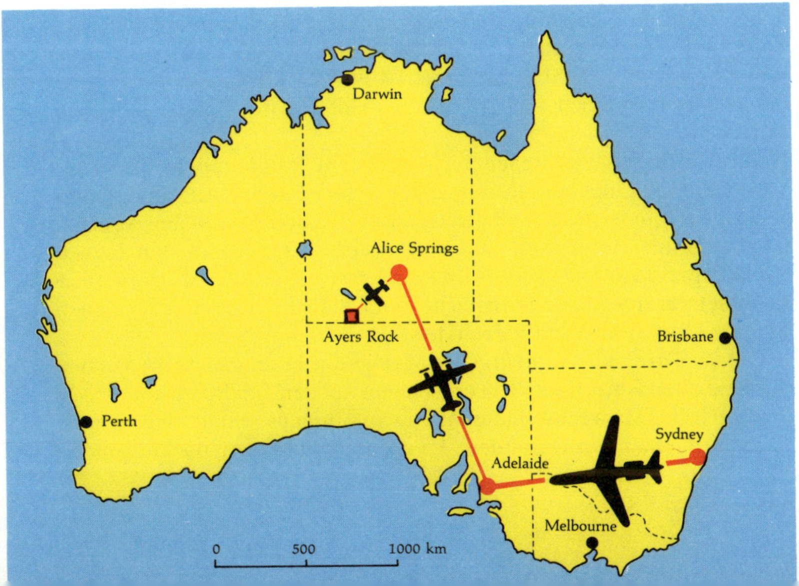

Oben: Ankunft in Sydney. Links die berühmte Hafenbrücke. Rechts die muschelförmigen Dächer der neuen Oper.
Rechts oben: Die ersten Uraustralier in Alice Springs
Rechts unten: »The Alice«, die Pionierstadt im Herzen Australiens

Die zwei singenden Propellerturbinen senken die Frequenz, die Maschine geht tiefer. In der Ferne Lichterketten, ein leuchtendes Schachbrett: »The Alice!« Eine Bergkette wächst aus dem Boden und schiebt sich über die flimmernden Lichtpunkte. Landescheinwerfer zerschneiden die Nacht. Ein weites Rollfeld und ein freundlicher Flughafen. Der liebenswürdige Taxifahrer packt mit Ruhe und Gelassenheit 2 Lederkoffer und 2 Ledertaschen, 1 Metallkoffer und 4 Reisetaschen, 1 Stativ und 2 Kameras, 1 Tonbandgerät und 4 Fotoapparate und, mit fragendem Blick, schließlich auch 1 schweres Unterwassergehäuse in seinen Wagen.

Nein! Tauchversuche stehen nicht auf dem Programm für Zentralaustralien; die Quellen, Flüsse und Seen, die manche Karte zieren, gibt es nicht, zumindest heute gibt es sie nicht. Sie kommen in den wenigen nassen Jahren, versickern und verdunsten, vergehen in den langen Trockenperioden fast spurlos und sind fast vergessen, bis wieder ein Gewittersturm reißende Sturzbäche durch die Täler jagt und die flachen Senken in uferlose Seen verwandelt.

Selbst das Riverside Hotel in Alice Springs macht seinem Namen in den nassen Zeiten Ehre; dann liegt es nicht nur auf dem Stadtplan am breiten Todd River. Das wechselhafte Wetter ist übrigens schuld, daß sich die Stadt seit einer verheerenden Trockenheit und den nachfolgenden

Überschwemmungen von 1966 und 1967 von der früheren Erwerbsquelle, der Viehzucht, mehr und mehr abgewandt hat. Von Jahr zu Jahr steigt die Zahl der Touristen, die der ganzjährige Sonnenschein, die gesunde, trockene Luft und die vielfältigen Möglichkeiten des Great Outback, der grenzenlosen Wildnis in der Mitte Australiens, lockt. Hotels und Motels zeichnen das neue Alice Springs aus. Immer mehr entwickelt sich die Stadt mit ihren beinahe 10 000 Einwohnern auch zum wirtschaftlichen und kulturellen Zentrum. Die Schulfunkstation, der Flying Doctor Service, sie erreichen selbst die einsamste Ranch.
Auch die dunkelhäutigen Ur-Australier, die Aborigines, meist Stock-

men und Tracker – Viehhüter und Fährtensucher – von Beruf, treffen sich regelmäßig zum Familienklatsch in der Stadt. Man erzählt sich das Neueste, kauft ein, geht zum Arzt, sieht sich den neuesten Western im Kino an und trinkt zur Feier des Tages ziemlich viel kühles Bier.
Rassenschranken gibt es nicht, was allerdings noch lange nicht heißt, daß es den Ur-Australiern besonders glänzend geht. Der Übergang von einem freien, schweifenden Leben als Herren eines zwar armen, aber unendlich weiten Landes zur Seßhaftigkeit und Abhängigkeit von einem geregelten Arbeitstag im europäischen Sinne, klappt nicht von heute auf morgen. Dabei ist die Frage noch gar nicht beantwortet, ob unsere europäischen Maßstäbe für die zentralaustralische Wüstensteppe überhaupt die richtigen sind.
Über den Bergen der Mac Donnell Ranges, die in Schwarzwaldhöhe das Becken von Alice Springs im Norden begrenzen, hängen Wolken, und es tröpfelt sogar auf dem Weg zum Flughafen.
»Gönnt uns den Regen«, meinte der Taxifahrer, als er die besorgten Blicke des Kamerateams sieht, »wo ihr hinfliegt, scheint ohnehin die Sonne!« Und wirklich, über den tiefen Südwesthorizont zieht ein heller Streifen.
Schon früh am Morgen herrscht auf dem Flughafen reger Betrieb. Nicht die großen Düsenmaschinen bestimmen das Bild, sondern kleine zweisitzige Buschflugzeuge, die jede Ranch erreichen, und die 4- und 6sitzigen Pipers und Cessnas der regionalen Fluggesellschaften und Taxilinien. »Big Dick« ist Pilot der SAATAS, ein munterer, junger Mann im Khakihemd, für den die Fliegerei offensichtlich eine ideale Mischung von Neigung und Beruf darstellt. Er geht voran zur Maschine, kontrolliert die Instrumente und startet.
Ein kurzer Blick nur zurück auf das elegante Flugplatzgebäude und die erwachende Stadt. Schon nach wenigen Minuten dehnt sich die nahezu ebene zentralaustralische Rumpffläche bis zum Horizont. Eine Weile noch ziehen Straßen wie rote Schienen durch den Busch. Die letzten Straßen und Wege verlieren sich in der gewellten Ebene. Kein Haus, kein Zeichen eines Menschen. Urnatur dehnt sich, soweit das Auge reicht, wie das Meer, so weit, so frei und genauso unerbittlich. Der Tower in Alice meldet sich zum Wetterbericht:
»Norden bewölkt, Süden klar!«
Die Cessna liegt auf Südwestkurs.
Dick weist nach vorne und drückt die Maschine ein wenig. Am Südwesthorizont liegt ein großer, blauer Stein! Das ist der Ayers Rock, das Ziel der 320 Kilometer weiten Reise. Je näher die Maschine kommt, um so mehr verändert sich die Farbe des Felsens von blau nach rot. Als er end-

Wie ein großer Wackerstein liegt der Ayers Rock in der Ebene.

lich so groß erscheint, daß er die ganze Frontscheibe einnimmt, sieht man die parallelen Streifen, die über seinen Rücken ziehen und die steilen, fast senkrechten Wände, mit denen er aus der tischebenen Rumpffläche aufsteigt.
Die Gruben und Löcher in seinen Flanken, die Eukalyptusbäume und Akazien an seinem Fuß führt Dick in einem artistischen Rundflug vor. Hinter dem langgestreckten Rücken des roten Wackersteins erheben sich im blauen Dunst der Ferne die Felskuppeln der Olgas. Im Vorbeiflug erscheinen sie noch steiler und unnahbarer als der Ayers Rock. Katajuta, das heißt so viel wie »Viele Köpfe«, nannten die Eingeborenen die Höckerreihe. Der höchste wird heute Mount Olga genannt. Er erhebt sich 1070 Meter über dem Meeresspiegel und 545 Meter über der Ebene. Damit ist er 196 Meter höher als der Ayers Rock.
Auch die Olgas verfärben sich, wenn man näher an sie herankommt. Aus dem dunstigen Blau wird leuchtendes Rot mit kleinen weißlichen

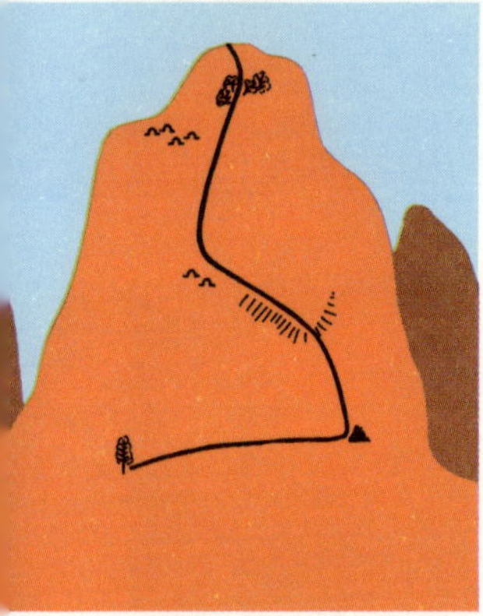

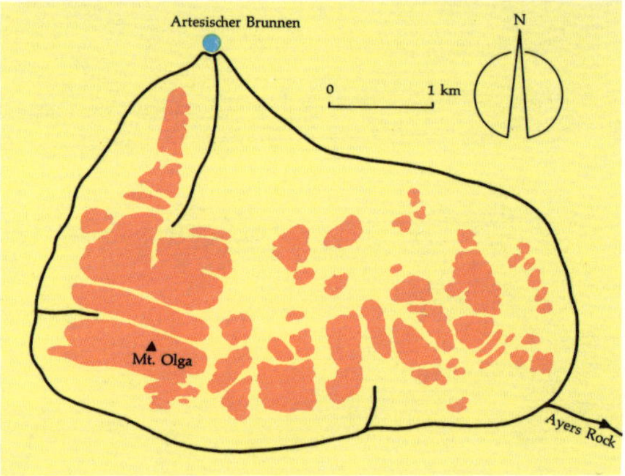

Links: Die Kletterroute auf den Mt. Olga. Rechts: Übersichtsplan der Olga-Berge

Flecken. Rings um die Olgas läuft als schmales, rotes Band eine Piste, Dick folgt ihr und findet, was er sucht: einen Landrover am Westfuß der höchsten Kuppel und, jetzt sind sie deutlich zu sehen, zwei winzige Menschen auf dem rundpolierten Felshaupt. Dick beginnt zu schwärmen:
»Das sind die schönsten Kletterberge Australiens. Nichts für Haken und Seil, aber auch schon gar nichts für Spaziergänger; die Felsen sind verdammt steil und manche sind immer noch unbezwungen. Zum Glück sind sie rauh wie Schmirgelpapier, und griffige Gummisohlen krallen sich regelrecht fest. Nur Angst sollte man nicht haben, vor allem nicht, wenn es bergab geht!«
Er erklärt die Kletterroute an der Westseite des Mount Olga. Man ahnt den Baum am Einstieg, die Erosionsrinnen, die der Kletterweg geschickt ausnützt, den S-förmigen Wall, die kleinen Höhlen und kurz unter dem Gipfel einige Büsche.
Die beiden Gestalten auf dem Berg reißen die Arme hoch und grüßen herüber. Dick wackelt mit der Maschine! Dann nimmt er Kurs auf den Ayers Rock und geht dabei noch etwas tiefer. Auf halber Höhe fliegt er der schattigen Südwand des Felsens entlang, schwenkt auf den kleinen Flugplatz ein, überfliegt ihn und landet. Mit einer langen Staubschleppe rollt die Cessna über den roten Grund zu den anderen Sportflugzeugen in der Platzecke. Ein Dutzend Benzinfässer, im Sicherheitsabstand aufgereiht, und eine Handpumpe garantieren im Notfall die Treibstoffversorgung. Eine Holzhütte ist Empfangsgebäude und Tower zugleich.

Formalitäten: keine!
Ein Kleinbus bringt die Passagiere zum Inland Motel, einem flachen, einfachen Zweckbau mit eigener Kraftstation und Wasserversorgung. Ein guter Ausgangspunkt für alle Exkursionen in die nähere und weitere Umgebung, wenn man es nicht vorzieht, wie die meisten Australier, mit Auto und Zelt ohne festen Stützpunkt auf den Spuren der alten Entdekker die grenzenlosen Weiten des Kontinents zu durchstreifen!
Gerade 100 Jahre ist es übrigens her, daß die ersten Weißen, Giles und Gosse, ergriffen vor den roten Felskolossen in Zentralaustralien standen. Ist es ein Wunder, daß diese Männer bei der ersten Begegnung schon versuchten, die merkwürdigen Berggestalten inmitten der 16000 Quadratkilometer großen Ebene zu begreifen? So ungewöhnlich und fremdartig erschienen sie Giles, daß er fasziniert in sein Tagebuch schrieb: »Wie gewaltige Denkmäler der Urwelt stehen sie da, seit Ewigkeiten wie am ersten Tag. Eine lange, dunkle, geheimnisvolle Zeit scheint spurlos an ihnen vorbeigegangen zu sein.« Unangreifbar, unzer-

Ganz ähnlich geformt wie der Ayers Rock, aber zerlappter und vielgestaltiger sind die Olga-Berge.

störbar, wie für die Ewigkeit geschaffen, erscheint auch heute der Ayers Rock vielen Besuchern. 350 Meter Höhe, 8 Kilometer Umfang – eine erdrückende Steinmasse für den winzigen Betrachter, der an ihrem Fuße steht. An einem Menschenleben gemessen ist das Unzerstörbarkeit, Ewigkeit!

Doch so ungeklärt und unsicher, wie manche Reiseschriftsteller meinen, ist die Entwicklungsgeschichte des Ayers Rock nun auch wieder nicht. Weder hat ihn eine Titanenfaust von einem fremden Stern geholt, noch ist er die Spitze eines steinernen Eisbergs, der aus dem Untergrund aufragt. Man braucht noch nicht einmal die ferne Urzeit der Erde zu beschwören, um seine Entstehung zu begreifen; der Ayers Rock hat Verwandte in unseren Tagen: Die Inselberge im tropischen Afrika, die Felskuppeln und Glockenberge an der brasilianischen Küste, allen voran der Zuckerhut. Damit ist natürlich die Geschichte der einsamen Felsberge im Herzen Australiens nicht geklärt. Wer mehr erkennen will, muß die Hand auf den Stein legen.

Je näher man kommt, um so deutlicher zeigt es sich, daß der Ayers Rock nicht aus einem Stück besteht, also kein Monolith, kein Einstein ist, wie ihm das der Reiseführer etwas vorschnell bescheinigt. Er besteht aus vielen senkrecht gestellten Schichten, die sich allerdings in ihrer Zusammensetzung nicht wesentlich voneinander unterscheiden. Auf den ersten Blick erinnert das Gesteinsmaterial an mehr oder weniger groben Sandstein. Wenn man aber genauer hinschaut, entdeckt man zwischen den speckig glänzenden Quarzkörnern auch weißliche Feldspatkörner. Der Geologe nennt ein solches Sand-Feldspat-Gestein Arkose. Gebildet haben sich diese Arkosen als Ablagerungen eines uralten Gebirges vor etwa 600 Millionen Jahren. Allerdings lagen damals die Schichten noch schön waagrecht übereinander, wie es sich für frisch gebildete Ablagerungsgesteine gehört. Erst viel später wurden sie von gebirgsbildenden Kräften erfaßt und dabei allmählich in große Falten gelegt. Ein kleines Stück einer Falte, in dem die Schichten an diesem Platz senkrecht gestellt waren, ist heute als Ayers Rock erhalten. Einen anderen Rest stellen die Olgaberge dar. Allerdings sind die Gerölle, aus denen ihr Gestein aufgebaut ist, viel grober. Der Geologe nennt solche »verbackenen« Gerölle ein Konglomerat. Selbst der flache Mount Conner, der aus nahezu waagrecht gelagerten Schichten aufgebaut ist – er liegt auf der direkten Linie von den Olgas über den Ayers Rock am Horizont – ist ein Rest dieses alten Gebirges. Auch den Untergrund der weiten Ebene dazwischen bilden die alten Gesteine, nur wurden sie im Lauf der langen Zeit völlig eingeebnet, ein Schicksal, dem auch die letzten Reste, die roten Felsendome, letzten Endes nicht entgehen werden.

Nicht vom Himmel gefallen, nicht aus dem Boden gestampft sind die roten Felsen also. Sie sind noch nicht einmal härter als die Gesteine ihrer Umgebung es waren, sie sind nichts anderes als die letzten Reste auf dem großen, flachen Teller Zentralaustraliens, ein Nachtisch für die Abtragung.
Die rundlicheren Formen der Berge, die vor allem den Besuchern aus gemäßigteren Breiten so fremdartig vorkommen, hängen vom Gestein und noch mehr vom Klima ab. Ein Klima, das zur Bildung von Glockenbergen führt, hat Zentralaustralien zur Zeit allerdings gar nicht zu bieten. Warm und feucht muß es sein, daß sich die Oberfläche einer körnigen Gesteinsmasse so zersetzt, daß sich die tellergroßen Schuppen bilden und die meterdicken Gesteinsschalen, die dann die Sturzbäche der Regenzeit losbrechen. Man könnte sich vorstellen, daß ein Berg unter solchen Bedingungen nach und nach im eigenen Schutt ertrinkt. Aber die Regengüsse und die tiefgründige Verwitterung sorgen dafür, daß die Blöcke zerfallen und verschwinden. Aus diesem Grund steigen auch die steilen Flanken des Ayers Rock so unvermittelt und frei aus der Ebene auf.
Wahrscheinlich begann die Bildung des Glockenberges schon vor etwa 10 Millionen Jahren. Später entwickelten sich dann die Höhlen an seinem Fuß, besonders an der Ostflanke. Tafonis nennt man solche Kleinhöhlen, die vor allem vom Granit Korsikas – daher haben sie ihren Namen – gut bekannt sind. Erst in letzter Zeit stellte man fest, daß diese seltsamen, löchrigen Verwitterungsformen offenbar damit zusammenhängen, daß Salzkristalle das Gestein unter der äußersten Kruste so sehr zermürben, daß es regelrecht zerbröselt. Woher aber kommt das Salz? In Korsika ist es keine Frage. Soweit die Stürme die Gischt des Meeres über die Felsen wehen, bilden sich Tafonis. Zwar gibt es in Zentralaustralien kein Meer, aber es gab früher einen riesigen Binnensee. Das Salz, das heute in den Salzsümpfen und Salzseen Zentralaustraliens zu-

Schematische Darstellung der Restberge Zentralaustraliens und ihrer Entstehung

sammengeschwemmt ist, war während der Tertiärzeit in diesem palmenumstandenen See gelöst. Wahrscheinlich brandeten seine Wellen während einer längeren Zeit sogar unmittelbar gegen die Felsen. Unter der harten Gesteinsrinde ist der Ayers Rock an manchen Stellen von Tafonis wie von Ameisen oder Termiten zerfressen. Die harte Rinde blätterte ab, übrig blieben Rinnen und Löcher, die mit ihren stehengebliebenen Wülsten und Graten fantasiebegabte Leute an Gehirnstrukturen erinnern. Deshalb wird eine Stelle auch »The brain«, das Gehirn, genannt.

Besonders große Tafonis, die vielleicht durch Brandung und Sandsturm weiter ausgehöhlt wurden, liegen am Fuß der Steilwände. Sie bilden mannshohe, schräg nach unten geöffnete Halbhöhlen. Noch vor einem Menschenalter spielten sie eine große Rolle in den religiösen Vorstellungen der australischen Ureinwohner. Man kann sich sogar als flüchtiger Besucher vorstellen, wie groß die Bedeutung der aufragenden Felsen mit ihren schattenspendenden Höhlen für die Jäger der offenen Steppe war. Jahr für Jahr kamen sie zum Heiligen Fels Uluru, den der Sage nach Giganten in grauer Vorzeit formten, als es noch kein Leben und keine Berge gab. Jede Kerbe im Fels, jede Höhle hatte für die Aborigines ihre Bedeutung. Die Schlange Wanambi wohnte im Fels als Geist, der über alle Sterblichen zu Gericht sitzt. Erst später formten die Giganten den richtigen Menschen und schenkten ihm die Erde. Die Kinder Ulurus pflanzten sich fort und bildeten viele Stämme. Aber immer wieder kehrten sie, um ihre Helden zu verehren und um neue Kraft zu holen, an den Uluru zurück. Doch die Bilder an den Höhlenwänden beginnen zu verblassen, die alten Jäger kehren nicht mehr wieder. Eine neue Zeit ist angebrochen, die wenig Platz läßt für jahrtausendealte Riten.

Flugzeuge landen und starten, Autos umkreisen den Fels. Selbst Reisebusse bringen Touristen aus dem fernen Alice Springs. Am Westende des Ayers Rock parken die Wagen. Dort findet jeden Morgen zwischen 8.00 und 10.00 Uhr der große Gipfelsturm statt.

Sportlich, wie es sich für Australier gehört, nimmt man die Flanke in zügigem Angriff. Aber es dauert nicht lange, bis sich die kletterungewohnten Großstadtkinder von den trainierten Bergsteigern zu unterscheiden beginnen. Mancher hat beim ersten Anlauf übersehen, wie unheimlich steil der Fels ist und wie schroff seine Flanken zu beiden Seiten der Aufstiegsroute abfallen. Möglichst unauffällig zieht er sich dann ganz vor-

Rechts oben: Tafonis im Ayers Rock. Rechts unten: »The brain« nennt man diese von der Verwitterung zerfressene Stelle.

Immer noch findet man die magischen Felszeichnungen der Ureinwohner in den Höhlen am Fuß des Berges.

Rechts: Sonnenuntergang am Ayers Rock

sichtig auf dem Hosenboden zurück. Zum Glück ist der Fels so griffig, daß man das Sitzleder schon einölen müßte, um abzurutschen.
Wer auf Händen und Füßen weiterklettert, schafft es noch ein Stück ohne Schwindelanfall. Eine eiserne Kette, an einbetonierten Stangen verankert, bringt die Rettung. Es geht weiter. Aber oben? Immer noch die Steilwände zu beiden Seiten. Kein Baum, kein Strauch, noch nicht einmal ein Grasbüschel, an dem man sich halten könnte. Für viele ist der Aufstieg nach der ersten Kette zu Ende. Das schadet wenig, denn die Aussicht über die weite Ebene ist schon aus dieser Höhe denkbar eindrucksvoll.